大格局

写给为梦想而奋斗的你

曲君伟　编著

中国轻工业出版社

图书在版编目（CIP）数据

大格局 / 曲君伟编著 . — 北京 : 中国轻工业出版社 , 2019.9

（写给为梦想而奋斗的你）

ISBN 978-7-5184-2349-1

Ⅰ . ①大… Ⅱ . ①曲… Ⅲ . ①成功心理－青年读物 Ⅳ . ① B848.4-49

中国版本图书馆 CIP 数据核字 (2019) 第 179960 号

责任编辑：由　蕾

策划编辑：由　蕾　　责任终审：劳国强　　封面设计：张龙梅

版式设计：张龙梅　　责任校对：晋　洁　　责任监印：张京华

出版发行：中国轻工业出版社（北京东长安街 6 号，邮编：100740）

印　　刷：北京画中画印刷有限公司

经　　销：各地新华书店

版　　次：2019 年 9 月第 1 版第 1 次印刷

开　　本：880 × 1230　1/32　印张：33.5

字　　数：500 千字

书　　号：ISBN 978-7-5184-2349-1　定价：198.00 元（全 5 册）

客服电话：010-85111939

网　　址：http://www.chlip.com.cn

Email：club@chlip.com.cn

如发现图书残缺请与我社邮购联系调换

181397G1X101ZBW

前言

曾国藩说过：“谋大事者首重格局”。 因为格局决定了人生的高度和广度。

作为中国历史上封建官员的完美化身，曾国藩手下云集了诸如李鸿章、曾国荃、彭玉麟、鲍超等文武将帅，他提拔过的总督巡抚合计 27 人，颇有识人之名。

传闻，曾国藩的徒弟李鸿章组建淮军之初，曾带三个人去拜谒曾国藩，恰好曾国藩外出散步。待他回来，李鸿章请其传见那三个人。曾国藩摇头示意不必，李鸿章很吃惊。曾国藩解释道，散步之时恰好观察了一下堂下的三个人。第一个人目不仰视，必是一位谨慎细微、老成持重的人，可司粮草、仓库之职；第二位在人前神色恭敬，目不斜视，但背地里左顾右盼，必定是个阳奉阴违的小人，不可重用；另外一个人自始至终挺拔而立，目光凌然，格局不凡，定是位大将之才。曾国藩预言的那位大将之才，便是日后立下赫赫战功并官居台湾首任巡抚的淮军第一猛将刘铭传。

由此看来，善于识人的曾国藩认为“谋大事者首重格局”，绝对是金玉良言。

那什么才是大格局呢？

《孙子兵法》里有一句话：“求其上，得其中；求其中，得其下；求其下，必败。”

这句话完美地诠释了格局的重要性。孙武的意思是，若有上等的追求，可能会得到中等的战果；若有中等的追求，仅可能获得下等的战果；若在开始前就抱定下等的目标，最终的结果将会是失败。

人生如同战场，孙武的箴言在生活中同样有效。

拥有大格局之人，立志同样深远。立志则决定了人生的高度与广度。拥有大格局之人，必定会在远见、通透、认知、专注力、时间观和内驱力这些方面进行着艰苦卓绝的修炼。

有句话说得好，心有多大，舞台就有多大。同样，格局有多大，人生就有多精彩。

目录

CONTENTS

Chapter 1 —— 远见

世界上最可怜的人，就是空有视力却无远见的人

012 / 决定上限的并非能力，而是格局

017 / 不要只盯着薪水，选择自己感兴趣的事业

021 / 能克制情绪的人，前途永远光明

025 / 谋全局与谋一域

029 / 能承受失败，才有可能成功

033 / 等待时机成熟，你可能永远没有机会

037 / 永远把对手想得强大一点

041 / 不经风雨，怎见彩虹

Chapter 2 —— 通透

人生从外部打破是压力，从内部打破是成长

046 / 用人品守好你的最后一道墙

051 / 张开双手，迎接各种不幸

055 / 井底之蛙，永远看不到辽阔的大海

060 / 我们的目标是星辰大海，何必去跟一块砂石较劲

064 / 信命的人被命运操纵，不信的人操纵命运

069 / 成功者千方百计，失败者千难万难

072 / 驯服孤单，才能学会好好生活

Chapter 3 —— 认知

坎坷总会接踵而至，坦然接受并保持努力

080 / 开放心态，打开心扉

083 / 找准自己的位置，不要站错舞台

086 / 伟大的目标才能成就伟大的人

090 / 每个时代，都悄悄犒赏会学习的人

093 / 做喜欢的事，对诱惑说不

096 / 持续的快乐源于辛勤的工作

100 / 从看似无趣的事情当中，获得最大的收益

103 / 不要太在意自己的背景，白手起家也能成功

106 / 除了咬牙死磕，想想是否还有更好的选择?

目录

CONTENTS

Chapter 4 —— 专注力

唯有简单笃定，心存一个目标，方能不乱于心

112 / 一切皆有可能

115 / 改变自身，做适应环境的强者

119 / 温室只养弱苗，百炼方能成钢

123 / 不要在该拼搏忙碌的时候去追求岁月静好

128 / 莫要贪大求全，做精做透才是最重要的

132 / 扬长避短，从强项上完成突破

136 / 你能够，就是因为你自己认为自己能够

Chapter 5 —— 时间观

你的时间用在哪儿，成就就在哪儿

142 / 脚踏实地，一步一个脚印

147 / 亮剑只需一瞬，而磨剑却需一生

152 / “熬时间”是一种最辛苦的人生

158 / 远离那些拖自己后腿的人

163 / 自我约束，不妨试一试“延迟满足”
168 / 专业跟业余的区别，是利用时间的质量
172 / 你想要的人生，其实一直在向你发出邀请
176 / 认定一个目标，一次就把事情做好
179 / 时间花在哪儿，成功就在哪儿

Chapter 6 —— 内驱力

所有的机遇都是你在全力以赴的道路上遇到的

184 / 世界那么大，你能去看看吗
190 / 练习得越多，就会越幸运
194 / 不设限的人生，有无穷的潜力
198 / 比制订计划更有价值的是效率
201 / 追求正确、高效的工作方法
204 / 重视优化和提升效率
207 / 没有最好，只有更好
211 / 比别人多思考一些，多努力一些

Chapter 1

远见

世界上最可怜的人，

就是空有视力却无远见的人

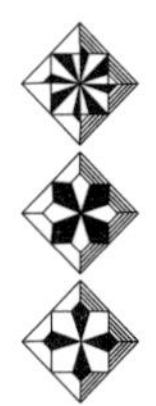

决定上限的并非能力，而是格局

曾经有一次，我一位朋友公司的经理向他提出辞职。辞职不是问题，问题是辞职的时间和后续事宜。这位经理提出辞职的时间非常微妙，从收到当年度的年终奖金到递交辞职报告之间，相隔不到一个礼拜。当这位经理打包好个人物品，即将加入新公司的时候，给我的朋友发了一条微信说："虽然公司规定我必须提前一个月办理离职手续，但我加入公司后无偿加了很多班，请用这些时间来抵扣剩余的时间吧。"

当时，我这位朋友的公司刚刚成立，正处于艰难的创业阶段。从公司的高管到刚入职三天的员工，在没有加班费的情况下，每天工作到深夜的情况几乎是常态。我的朋友知道自己理亏，看到这条微信时只能苦笑不已。

当时，朋友公司的新产品研发接近尾声，这位经理匆匆离去，给朋友公司留下了一片狼藉。公司里每个人本来就忙得不可开交，由于他的突然离开，工作量又增加了很多，几位老员工每人都干着几个人的工作，恨不得每天二十四小时待在公司。就连我的朋友也忙得不可开交，甚至抽不出一点时间来和我们聚聚。这种情况一直持续到他雇了一位新经理，完成了所有的交接工作之后，才有时间来跟我们一吐苦水。

“这样的人，你应该扣留住他的劳动档案，一切离职手续都一拖再拖，不能让他舒服。”有一位朋友义愤填膺，为他支招。还有人建议：“微博上谴责他，@ 他的新老板。让新老板知道他是什么货色。”

我这朋友听了之后连连摇头：“何必做到这一步呢？既然知晓他的为人，就不必跟他浪费口舌，大家好聚好散吧。”

“正因为你的容忍，他才敢得寸进尺。”有人愤愤不平地说。

我的朋友说：“不是宽宏大量。我只是知道，在我公司里，有些东西他暂时得不到，所以才想要离开，在这种情况下，为什么要再伤和气呢？我知道，他想在我的公司谋求一个高管的职位。说实话，就能力而言，是个不错的人选，但他的格局太狭隘了，一辈子或许只能做个中层。未来的日子很长，我们可以走着瞧。”

在过去的三年里，我朋友的公司发展壮大了好几倍。而离职的那位经理，据说又跳了好几次槽，但就像被诅咒了一般，仍然徘徊在公司的中层，没能进入高层。

我曾经看过一栏综艺节目《非你莫属》，其中一个参赛者是连续三年的销售冠军。这个人性格外向、热情，能顺利解决老板或者客户的问题。主持人涂磊问了他一个问题：“你认为在你的经历中，最能说明你销售能力的是哪一桩事例？”

他想了一会儿，说：“我在一家培训情商的教育机构做推销员的时候，成功地说服了一位月薪 2000 元的环卫工人，为他 5 岁的儿子报名参加了一门价值 5000 多元的课程。”说完，他有点沾沾自喜，还重复了几遍道：“我是一个说话真诚的人。”

从能力上看，他是位不错的推销员，似乎应该得到台下的评委老板们的青睐。但是，在第一轮筛选的时候，房间里的十二位老板都灭了他的灯。

究其原因，一位老板总结说：“我们不怀疑你的能力，但我们怀疑你的品格。”

越是那些处在社会底层的人，就越无法识别信息的真实性和含金量。他们的经济条件不好，得不到相应的信息或者情报，所以很容易被欺骗。只要你给他们一线希望，告诉他们或许能够把他们的子女培养成人中龙凤，他们就会迫不及待地把自己辛苦攒下的积蓄交到你手里。无论如何，向那些显然负担不起的人推荐一些不合适的课程，并以此作为一种成就来炫耀，是不道德的行为。

一个没有同情心或者底线的人可能会赢得销售冠军，但绝不会成为一位好的销售经理。能力决定了你能得到什么，但是格局决定了你最终能有什么样的成就。

在谷歌（Google）成立的早期，公司内流传着一条不成文的行为准则——“Don't be evil（不做坏事）”。这一原则贯穿了谷歌的整个开发过程。在谷歌与微软 (Microsoft）的 Internet Explorer 浏览器针对网络搜索业务竞争最激烈的时候，谷歌的创始人萨拉·佩林 (Sarah Palin) 否决了谷歌高管收购另一家搜索技术公司 Inktomi 的提议。当时，Inktomi 濒临破产，如果谷歌吞并这家公司，就能够轻松主导网络搜索市场。但是，佩林对这一决定说“不”。

事件的来龙去脉被记录在吴军的《浪潮之巅》一书中。佩林回应这次收购时说：“我们公司坐落在全世界金融机构的中心地——硅谷，所以我们深知，硅谷的公司目前遭受着怎样的因垄断造成的恶性竞争。人们对谷歌的发展寄予厚望。他们希望通过与我们合作来对抗垄断。我们不能采用收购的方式壮大自己。这种方式虽然合法，但却是用恶意的手段来清除市场上的对手。如果我们也用这种方式形成垄断，将令整个硅谷大失所望。”

后来，他们宁愿让竞争对手雅虎（Yahoo）收购了Inktomi，成为其搜索领域新的竞争对手，也不愿做任何有违底线的事情。而谷歌这种绅士风度，也得到了巨大的回报。后来，当谷歌推出自己的软件下载包时，Adobe和Symantec等多家知名软件公司都非常合作。

试想一下，即便谷歌拥有世界上最优秀的工程师，但若没有商业合作伙伴，在微软已经确立垄断优势的前提下，谷歌很难用如此快的速度铺下一块属于自己的市场。

当你开始创业的时候，成功与否取决于你的能力；但当你的企业处于高速发展的扩张阶段，个人能力不再是一个决定企业成败的问题。无论个人还是公司，面对困难或者诱惑的时候，能否坚持原则，能否妥善地解决问题，能否与他人保持良好的关系，都是格局所在。

思路决定出路，因为思路不同，人才分出了层次。那么，要怎样才可以拥有有利于自身发展的思路和格局呢？就像一位朋友在她新书《慢思考：在快进的时代不急躁》中提到的，“速成”是个伪命题。培养好的思维方式不是一蹴而就的，这需要漫长的过程，没有捷径，我们能做的唯有努力学习和积极改变。

愿我们都能成为有格局的人。

不要只盯着薪水，选择自己感兴趣的事业

上大四的表弟即将参加工作，我陪他去了校园招聘会。我发现，他目光所及，都是招聘单位的薪资条件。

这也难怪，生活中很多人选择工作时喜欢盲目地跟随潮流。当他们从报纸或互联网上看到哪个行业最热门、哪类工作薪酬最高时，便会毫不犹豫地投身其中。他们认为，只有最热门的行业才是好行业，只有高薪的工作才是好工作。但是，一段时间后却发现，这工作并不适合他，于是倍感疲惫、痛苦。

如果遇到这种情况，应该冷静下来，想一想自己适合做什么，喜欢做什么。高薪对我们来说固然有吸引力，但并不能代表一切。如果对所从事的工作不感兴趣，无论工资多高，我们都会对工作感到厌倦。如果只为薪水而工作，恐怕这份职业对你来说没有多少发展空间。

通过对大多数成功人士的人生经历进行分析，很容易发现这样一个现象：他们不一定从事着最热门的行业，只是选择了自己最感兴趣的工作，

最终获得了成功。换句话说，成功人士的功成名就与其对所从事行业的兴趣息息相关。因此，选择工作时，首先应考虑兴趣，而非薪水多少。

李绍唐，多普达集团前总裁兼首席执行官，高中毕业后考入台湾淡江大学数学系。在班上，虽然他的数学成绩很好，但他不认为数学能为自己带来光明的未来。李绍唐的父亲英年早逝，因此他幼时家境贫寒。十分早熟的李绍唐认定，只有通过自己的努力，寻找一个炙手可热的职位才能“赚很多钱”。因此，大二那年，李绍唐决定转到英语系，因为他觉得自己的英语水平还行。当系主任问他为什么要换系时，他非常坦率地说：“我将来需要赚很多钱。”系主任笑着对他说：“如果那是你最感兴趣的事情，那么你应该去读国际贸易系才对。”

后来，李绍唐果然转到了国际贸易系，他觉得以自己的个性，很适合在商场上拼搏。大学毕业后，李绍唐将目光投向了外企，因为外企不仅薪水高，而且非常适合他。他写了 20 份简历，均投给了台湾地区当时最顶尖的美国公司。最后，他得到了 IBM 的试用通知书。

进入 IBM 后，李绍唐每三个月都主动敲开老板的办公室，问老板：“我的表现有什么问题吗？我该怎么做才能在考核当中得 A 呢？我要怎么做才能迅速得到晋升呢？”在李绍唐的主动沟通、交流下，老板开始关注这位土生土长的本地青年，逐渐培养他担当一些重要的职务。李绍唐没有让老板失望，凭借自己的努力和才干，很快被提拔为高级管理人员。

后来，李绍唐辞去了 IBM 高级经理人一职，担任甲骨文（中国）华东区和华西区董事总经理。随后在 2005 年 10 月加入多普达集团担任首席运营官，2006 年 3 月，担任多普达总裁兼首席执行官。

李绍唐的成功，不仅因为他经过了长期坚持不懈的努力，更重要的是，他知道自己的兴趣是什么，并选择自己感兴趣的事情当成职业。

当人们要发挥自己最佳潜力时，不应混淆“想做什么”与“能做什么”和“什么能做得最好”这三个概念。毕竟，有些事情你可以做，也可以做好，但这并不意味着你喜欢做，更不意味着你能做到最好。如果把自己放在“我能做什么”的位置，那么，无论从事何种职业，你的前景最多是成为一个熟练的技术骨干，不可能成就一番大事业。

世界上最富有的人比尔·盖茨（Bill Gates）曾经说过：“做你喜欢做的事，把它做好，上帝会帮助你成功的。”比尔·盖茨创立微软，不仅是因为他看到了计算机行业有着广阔的发展前景，更多是出于个人兴趣。他年轻时就对电脑很着迷。创业初期，除了出差和商务会谈，他都待在自己的办公室里充满激情地工作。正是由于选择了一生都感兴趣的事业，他才能取得后来的成就。

只有做感兴趣的事业，才能为自己的生活增加价值。

乔布斯（Jobs）是苹果公司的创始人之一，他对卡通动画很感兴趣。第一次离开苹果公司后，他打算从事动画事业。1986 年，他以 1000 万美元收购了星球大战导演卢卡斯 (Lucas) 创立的电脑动画部门，成立了皮克斯动画工作室 (Pixar Animation Studios)。经过一段时间的运营，工作室推出了第一部完全基于 3D 电脑特效技术制作的动画大片《玩具总动员》。影片上映后轰动一时。接下来的几年，皮克斯接连推出了《海底总动员》《超人总动员》等动画电影，受到了业界的广泛好评。皮克斯也因此成为动画领域的王者，“皮克斯制作”的标志小台灯也成了票房的保证。当被问及成功原因时，乔布斯说：“你必须找到一份喜欢的工作。我相信如果热爱自己所做的事业，未来将是一片光明。”

选择热爱的事业，才能把自己的能力发挥得淋漓尽致，才能把繁忙的工作当作快乐的享受，才能把遇到的困难当作前进的动力。因此，在追求成功的过程中，我们不仅要有必要的努力和坚持，更要注意选择一个感兴趣的职业作为我们的终身目标。

能克制情绪的人，前途永远光明

公司楼下开了一家餐馆，主营咸粥类，味道好，上菜又快，很快就成了我们经常光顾的地方。这家餐馆不大，除了老板总共只有三名服务员和一名厨师。经常接待我们的服务员是小丽，高中毕业刚一年，是一个开朗热情的四川小姑娘。我们都喜欢小丽的聪明伶俐，慢慢跟她熟稔起来。小丽有一个在老家读书的弟弟，负担颇重。看中这家餐馆包吃包住而且准时下班，所以她白天工作，晚上自学英语，想去一家更好的酒店工作，为弟弟挣读大学的学费。

一天，我们刚进店就听到一阵恶狠狠的责骂声。有两个醉醺醺的男人坐在那里，一边指着桌上的粥说有头发，一边咒骂，还试图摸小丽的手。她低着头，轻轻地解释着、道着歉。看我们一群人走进来，那两个人有点收敛，挥挥手恩赐般地说：“那送我们两碗粥作为补偿吧。”

我们不知道事情的来龙去脉，不好置评。只见小丽急忙安抚好厨师，然后小心翼翼地端上粥。直到俩人吃完抹抹嘴离开，她才松了一口气，露出令人心疼的微笑对我们说：“哥哥姐姐你们放心点单，粥里绝没头发。今天就两个人当班，我的头发是长长的黄色染发，厨师大哥剃了光头。那两个人粥里的头发绝对是他们自己放进去的，就为了逃一顿饭钱而已。”

我注意到，这小姑娘虽然惊惧，但没有失掉分寸，还保持了清晰的逻辑思维，把事情的来龙去脉想得清清楚楚，并做出了正确的反应。

不一会儿，小丽端着做好的粥，再次出现在我们面前。她脸色依然苍白，眼睛肿肿的。面对我们的时候，仍然努力挤出笑容，像往常一样和我们交谈。

同桌的经理感慨：“这姑娘不可小觑，能忍气吞声，懂得如何控制事态，也懂得轻重取舍。”

有同事听了，为她鸣不平：“她就这样被白白欺负了吗？”

小丽是很委屈。但在这种情况下，愤怒、不满和不情愿又有什么用呢？小丽当然可以揭穿那两个无赖的真面目，可以反驳，甚至可以骂回去。卖弄嘴皮子虽然痛快，但若那两个人闹起来，不仅会影响生意，还可能砸坏店里的东西，这些锅最终还是要她背起来。与其纠缠不清，不如快刀斩乱麻，尽快解决问题。

大约半年后，小丽成功地应聘进入一间大酒店，担任酒店的前台。辞去粥店工作的时候，她给我打电话，要归还从我这借的英语书，并坚持要请我吃饭。于是我们就在街上的一家小店里谈了几个小时。席间，她给我讲了以前遇到的各种各样难缠而又古怪的顾客。

“你总这么能忍吗？”我问。

她接下来的回答让我久久难忘：“我不是为了适应这些人而忍耐。我忍，只是为了有一天能摆脱这些人，摆脱这种生活。”

我们交换了微信，但很少联系。只是偶尔看她朋友圈的更新，知晓了她的生活轨迹：她跳槽去了一家四星级酒店；她报名参加礼仪班，学会了着装搭配；她的穿着打扮开始有点 OL 范儿了；她被提升为主管，然后晋升为大堂经理；她开始跟一个不错的男孩子谈恋爱了……

一个农村出身、没有背景的女孩在社会上独自闯荡非常困难。除了加倍努力，还要花更多的时间来处理情感的负担。我无意将人们的职业生涯划分为三六九等，但事实上，当你处在社会的最底层时，负面情绪会更多。没有地方诉苦，没有亲人关心，客户或者上司的吹毛求疵，都是生活的必然产物，你的雄心壮志不知不觉就会被这些黑暗面吞噬掉。这或许就是许多人只会抱怨却无力改变现状的原因吧。

生活中，懂得容忍之道的人非常强大。他们知道如何克制自己，更知道发脾气并不能真正地解决问题。社会不会因你怨天尤人就去适应你，它只注重你所做出的成绩。相反，如果你每天都在展示自己的伤疤，整天哭泣着寻求同情，反而会吓跑那些真正想帮助你的人。

能控制情绪的人，就能控制自己的人生。

然而道理我们都懂，为什么却很难做到呢?

心理学家研究发现，我们大多数时候都处于一种可怕的自动模式（Autopilot），Autopilot 一词在航空术语里是自动驾驶的意思，在心理学领域则被用来形容人们惯性思维和行为的模式。在自动模式的控制下，尽管困扰与挫折已经过去，可我们的思维仍停留在情绪不良的过去，也就是说我们并未活在当下。在这样的自动模式下，我们很容易忽视生活中的点滴美好，甚至沦为自己情绪的奴隶。自动模式会让我们做出习惯性的反应，当我们无法察觉惯性情绪反应，自然无法控制情绪。

就从现在开始，关闭自动模式，真正的掌控人生吧!

谋全局与谋一域

清朝末年，中国处于列强入侵时期，国力日趋衰落。清政府处于困境时，满朝文武纷纷提出建议。其中一项名为“迁都建藩议”，引起了朝野注意。

这篇文章的主旨是请求已处于内忧外患的朝廷将首都由北京迁到荆州。在文章中，作者洋洋洒洒地罗列了迁都的十大好处，一时惹得朝野关注。这位作者，就是大名鼎鼎的恩科举人陈澹然。

当然，这个建议最终并没有被采纳，但文章中的一句话却流传了下来，为历代战略家所推崇。这句话就是：“惟自古不谋万世者，不足谋一时；不谋全局者，不足谋一域”。

这句话是每一位战略者都要学习的布局精髓，也是成大事者的关键所在。现在，我们主要讨论句子的后半部分，即“不谋全局者，不足谋一域”，因为“局”和“域”与格局的大小密切相关。

“不谋全局者，不足谋一域”。字面上，我们可以理解“全局”和

“一域”之间的关系。一方面，“全局”是由多个“一域”组成的。只有每“一域”都完成，才能取得“全局”性的成功。另一方面，一个看不到大局的人，怎么可能从大局中看得到“一域”呢？由此可见，“一域”的获得取决于“全局”的视野。

“大局”与“一域”之间的关系可以看作“整体”与“部分”。那些从小格局起步的人往往局限于自身，只看到小部分的利益，只关注局部的发展，从而扭曲了大局的最终方向，造成混乱。而那些懂得谋“全局”的人，会令当代甚至后辈的人受益匪浅。

我曾看过这样一篇故事。

在某历史悠久的名牌大学，校委会面临着一个“难题”。该大学的一项工程质量检查报告指出，校内有着 350 年历史的大会堂出现了安全隐患。用 20 棵巨大橡树制作的横梁已经老化，失去了支撑的力量，必须尽快更换才行。

学校要求估算翻修这些横梁的花费，得出的数字令人咂舌：每根横梁的造价估计为 25 万美元，20 根共需要 500 万美元。然而，维修费还不是最大的问题。当时面临的最大危机是，找不到可以更换房梁的原料——巨型橡树。换句话说，就算筹到了这笔巨款，也没有把握找到那么多巨大的橡树。

问题暴露出来后，这座世界上最伟大的学校的校长焦头烂额，总不能眼睁睁看着学校历史最悠久的建筑毁于一旦吧？就在此时，学校内部传来一个喜讯，化解了这场危机——学校园艺所负责人前来报告：巨大的橡树材料找到了，不在别处，就在该大学的园艺所！真是“踏破铁鞋无觅处，得来全不费工夫”。

原来，350 年前设计学校大会堂的那名建筑师，早已想到后世的困境。所以，当年盖房子的同时，他让人在学校的园艺所内种植了一片橡树林。当年那一棵棵幼苗，现在已经长成参天巨木。如今橡树的尺寸，早已超过了制作横梁的要求。

350 年过去了，建筑师的墓园或许都已荒芜，但他“谋全局”的思路，让人肃然起敬。

有一位担任城市规划设计师的朋友曾告诉我，几乎所有的设计师都需要有“谋全局”的能力。他们接到工作之后，开始阶段的图纸设计是整个工作中耗时最久、费神最多的阶段。相对而言，后面的工作反而简单。

商场上，类似这样的全局眼光尤其重要。

中信资本控股是目前中国规模最大的投资集团之一，它是由中信泰富与中信国际金融控股两家香港上市公司联合成立的。中信资本刚成立时，正赶上世纪熊市。金融危机席卷世界经济领袖——美国华尔街，金融市场一片萧条。香港等地也深受影响，许多投资公司遭受重创，被迫重组，一些著名的大型投资公司不得不裁员应对。

这种情况下，中信却反其道而行之，他们利用这个机会，大规模招聘，网罗了一系列金融人才。董事兼首席执行官张懿宸认为，那次金融风暴既是风险又是机会，是从全球网罗商业人才的好机会。

后来，他对记者说："了解投资业务的人都知道，投资业务的最大成本是人力成本，"他表示，"投资行业前两年都在网罗、收集人才，然后才想赚钱的事。只有人才到位的前提下，企业才能做大做强。"

中信资本的这个决定现在看起来睿智极了，凭借着当年收罗的那些投资行业中颇具天赋的人才，中信不断地发展壮大，成为香港投资行业的龙头企业。

如今，"胸有丘壑"已成为生活、商场等方面成功的必要条件。现实生活中，看问题或做事情的时候必须追求全局意识，不能仅从局部的角度思考问题。

不谋全局者，何以谋一域?

能承受失败，才有可能成功

每个人都希望人生一帆风顺，事业越做越强，谁也不想遭受打击，不想陷入失败的泥潭。然而，现实往往会与人们开一些残酷的玩笑，失败就像一个挥之不去的幽灵潜伏在我们身边。一有机会，它就会狞笑着出现在我们面前——生活挫折、工作失败、天灾人祸等，常常折磨着我们，使我们倍感疲惫和痛苦。

面对这些挫折和磨难，我们应该学会冷静地对待它们，尽最大的努力去克服它们，要知道“拿得起放得下”的道理，绝不能在失败面前失去理智，走上逃避人生或自暴自弃的道路。如果这样，你将永远是一个失败者。

“荣辱不惊”是一种成熟而理性的宽广胸怀。人生难免要分出输赢，既然输了，我们就应该面对现实，理性对待。强者在面临失败的时候，很快重拾心态，从这场失利中走出来，转攻另一个挑战，这也是他们强大的原因。

泰国有一位企业家曾把所有的钱都投资在曼谷郊区 15 栋别墅上。不料，别墅刚刚建完，席卷亚洲的金融风暴来临了，别墅一套也没有卖出去。不出所料，这位企业家破产了。当别墅被银行收走并拍卖时，他只能无助地看着这一切。为了还债，他甚至不得不把自己的房子抵押给别人。

这位企业家的人生境遇从高峰跌到了低谷。很长一段时间内，他郁郁寡欢、自怨自艾，甚至好几次想过自杀。但后来他决心做出改变，不再沉沦，准备从头开始。

一天早饭时，他注意到妻子做的三明治味道很好，于是想到卖三明治这条路子，这主意得到了妻子的支持。于是，妻子在家做三明治，他则骑着自行车上街兜售三明治。

有一位记者偶然目睹了这一幕，于是在报纸上写了一篇题为《前亿万富翁沦落街头卖三明治》的文章。第二天，整个曼谷都知晓他落魄的消息。许多人怀着好奇或同情的心情来看这位前亿万富翁摆摊。当然，他们也没有忘记买几个三明治。

不料，许多人吃了三明治后感觉很美味，就变成了他的长期顾客。就这样，三明治生意越做越大。他凭着卖三明治积攒的资金，走出了生活的困境，为事业的复兴积累了资本。最后，他再度成为泰国著名的亿万富翁。

这位企业家叫施利华，就是1998年“泰国十大杰出企业家”中排名第一的那位亿万富翁。

从高山跌落到深谷，施利华没有选择在挫折中沉沦，而是坦然面对，以图东山再起。在一些人的印象中，前亿万富翁在街上卖三明治是非常可耻的事情。然而，施利华知道自己在做什么，自己怎样才能再度站起来。古人说："胜败乃兵家常事"，人生没有永恒的赢家。只有经得起失败的考验，经得起失败的磨难，才会成为生活中的强者。

8 月 30 日是英皇集团总裁杨受成人生中一个重要的纪念日。很多年前的那一天，他陷入一无所有的境地，身上最值钱的东西是一块手表。

多年后，身家 10 亿港元的杨受成回忆那次经历时，语气很平静："那一天，汇丰银行 (HSBC) 打电话给我，让我马上去公司总部。当我到了那里时，他们递给我一封信，然后告诉我，他们要接管所有的财产。除了公司、房子和汽车被没收之外，我必须偿还所有的信用卡欠费。我只带了一块表，就被扫地出门。"

在此之前，年仅 40 岁的杨受成事业上几乎一帆风顺。年纪轻轻的他已经拥有了自己的上市公司，活跃于香港的手表行业、珠宝行业、房地产行业以及股票市场。天有不测风云，1982 年初，香港的房地产业陷入了危机。因把所有的钱都押在房地产项目上，杨受成的公司陷入财务困境，最终破产。汇丰银行接管了他的公司和所有的私人财产。

后来，杨受成回忆起这段人生低谷时说："破产后的巨大反差让人痛不欲生，如果我性格不够坚强，或许早已寻了短见。幸好我没有产生放弃的念头，相信总有一天会翻身。"

凭着这种不屈的信念，从按揭贷款开始，杨受成再度创办了"宝石城珠宝有限公司"，几年后，杨受成的事业蒸蒸日上，比破产前更加强大、更加辉煌。

很多人在遭遇打击后变得沮丧，但是杨受成有着普通人无法企及的决心和勇气。他能够承受失败，所以他总是有赢的机会。

当失败来临时，若选择哭泣，只会让我们更痛苦。只有把失败看淡，才能改变现状，尽快走出失败的阴影。

能承受失败，才有可能成功。

等待时机成熟，你可能永远没有机会

许多人在做出重要决定之前，总希望能达到“万事俱备”的状态。然而却发现，要么时机不够成熟，要么条件不够好，犹豫不决之际，好的商机已经失去。

马云是那种一有想法就行动的人。阿里巴巴刚成立时，马云的一句名言一直在员工耳边萦绕：你们现在、马上、立刻去做，现在、马上、立刻去做！马云的成功就在于他能够迅速地在第一时间把刚形成的想法付诸实践。

有这样一个故事。

改革开放后，中国经济快速发展，各种国际业务雨后春笋般冒出来。作为一个对外交流的大城市，杭州的外贸行业呈现出一片繁荣景象，像马云这样英语水平高的人成了“抢手货”。在学校教书的马云经常被一些企业请去做翻译，每天都收到不止一份邀请。后来，他越发忙不过来，于是想起了同事和朋友——当时许多教师都乐意做兼职来补贴家用。

马云当时这样考虑：杭州有很多外贸公司，需要大量的专职或兼职外语翻译人才，但市面上没有专业的翻译机构，这个行业的前景非常广阔。不甘平庸的马云决定“做第一个吃螃蟹的人”，筹划建立杭州第一家翻译机构。

有了主意，马云马上行动。没有启动资金？不要紧，他找了几个合伙人一起创业，闪电般成立了杭州第一家专业翻译公司。

创业之初，企业一度面临困境。第一个月，翻译公司的总收入只有700元，而他们办公室的月租是2400元。身边关系较好的同事、朋友都劝马云不要再折腾了，就连几个合作伙伴的信心都有点动摇，但马云不想放弃。

为了维持翻译机构的生存，马云开始卖内衣、礼物、药品和其他小商品，甚至还摆过地摊，用这些收入来维持翻译公司的运转。到了第三年也就是1995年，这家翻译公司开始盈利。目前，杭州海博翻译社已成为杭州最大的专业翻译公司，虽然规模比不上今天的阿里巴巴，但也为马云的创业经历写上了十分亮眼的一笔。

美国著名科学家、政治家富兰克林曾说过：“今日事今日毕”“机不可失，时不再来”；成功学的创始人拿破仑·希尔也曾说过：“人生就像一盘棋，你的对手是时间。如果行动时瞻前顾后或拖拖拉拉，你就会输掉这盘棋，对手不允许你犹豫不决！”

来自北京邮电大学信息工程专业的宋何非将自己描述为一个典型的摩羯座，一个非常务实的理想主义者。

大三那一年，他在一家科技创业公司实习期间，萌生了创业的想法。他的第一个项目是一个创意很棒的电子商务平台，但没有可持续盈利模式。宋何非日日夜夜地修改自己的创意，不断地调整自己的思路，最终提出了一个更加成熟的产品，并在2014年“南京市大学生创业大赛”中获得一等奖。为了更好地实现自己的创业理想，他决定休学全心全意创业。

他的第二个想法萌生于自己经常因为时间关系赶不及吃早餐而饿肚子这件事。宋何非曾说过：“若有人在去新街口的地铁上肚子饿了，想在新街口买点吃的，却又不想排队等待，可以通过手机下单订货。地铁到站后，直接去我们地铁站的柜子提取食物就好了。”

就这样，宋何非在一个偏僻的角落里开了第一家叫作“柠萌云店”的店铺。店里面有160个透明橱柜，每个橱柜顶部都有一个非常可爱的标识，上面写着“全城购买，在此取货”。喜欢睡懒觉而没时间吃早餐的上班族可以在地铁上订一份早餐，下地铁后取出来吃。

“我们不只卖食品，”宋何非指着橱柜里的商品说，“未来，地铁沿线的所有商铺都可能成为我们的合作伙伴。”

后来，天使风险投资给了他 2000 万的融资。

许多年轻的朋友想改变自己的生活环境，却在行动前顾虑重重。你想得越多，担心得越多，你就越害怕，面临的困难就越多。这就是真实的世界，当你不敢实现梦想的时候，梦想就会离你越来越远；当你勇于追求梦想的时候，整个世界都会是你的助力。

若总等待合适的时机再行动，你可能寸步难行。

永远把对手想得强大一点

这里依然还要用马云的故事来展开叙述。他曾经说过："最聪明的人总是相信别人比他们更聪明，聪明人是智慧的天敌。自认为很聪明的人，很难成为智者。"

在商业竞争中，如果你自以为比别人更聪明，则很可能会栽跟头。但若高估你的竞争对手，认定他比你聪明，在商业交锋中会更加谨慎。这话听起来可能有点较真，但在商业竞争中，这是所有成功人士必备的素质。

古话说"骄兵必败"，商场也是如此。很多时候，当你看起来胜券在握的时候，很容易忽视自己的对手。而真正的强者永远不会轻视他的对手，因为他们知道，轻视对手就等于自掘坟墓。

马云带领淘宝击败行业领头羊 eBay 的原因之一，就是他充分尊重竞争对手。在总结淘宝和 eBay 的战争过程时，马云提到，eBay 失败的最大原因就是低估了淘宝这个对手。马云告诉企业家们，在商业上不能刚愎自用、妄自尊大，轻视对手的结果一定是迎来惨痛的失败。

在淘宝横空出世之前，eBay 是全球购物平台的龙头老大。直到今天，在欧美国家的网购平台中，eBay 依然占据着举足轻重的地位。时间回到 2003 年，在刚起步的淘宝眼中，eBay 似乎是一个打不垮的商业帝国。

早在“战争”爆发之前，马云就盯着 eBay 的一举一动。“我们详细地分析了 eBay 所有的高管。我们研究了他们在世界各地开拓业务的所有方式、他们擅长的管理技能以及他们雇用员工的特点。eBay 是一家上市公司，阿里巴巴什么都不是，eBay 掌门人惠特曼对淘宝的了解没有他对 eBay 的多”，马云这样说。

在与 eBay 的竞争中，马云一直都认为 eBay 比自己更聪明、更强大，所以花了更多的时间来准备这场注定很艰难的战役。马云不仅知道这一点，而且更是按照这种实力对比来进行布局。他敢于直面 eBay 的实力，也清楚地认识到了淘宝的优势。

他说：“eBay 是海里的鲨鱼，而淘宝只是扬子江的鳄鱼。如果在海里交战，我们一定会输，但如果我们在长江里跟鲨鱼搏斗，或许就不会输。”

这之后，战役开始了。淘宝只用了 6 个月就进了全球排名前 100，用了 9 个月挺进排名前 50，12 个月后在榜单上排名前 20。

2005 年初，起步不到两年的淘宝会员数突破了 600 万，此时已经扎根中国市场 5 年的 eBay 易趣会员数是 1000 万。其他几个重要指标：商品量、浏览量、成交额，淘宝全部超过 eBay 易趣。

为了打败强敌 eBay，马云想了很多方法。免费是淘宝迅速超越易趣的重要武器，淘宝的免费是彻底免费，既不收开店费也不收交易费。一开始宣布两年免费，2005 年又宣布继续免费三年，这样加起来就是长达五年的免费期。而它的对手 eBay 并没有意识到危机，他们一直都在收费。2005 年年底，迫于竞争压力，eBay 宣布开店免费，但依然征收交易费。

不过这并没有挽回颓势。2006 年，eBay 退出了中国市场。

2007 年，淘宝的市场份额已占到 80%，彻底打败了 eBay 易趣。

马云之所以能率领淘宝在与 eBay 的竞争中胜出，是因为他清楚地知道自己是谁，也知道他的对手是谁。

所谓“知己知彼，百战不殆”，马云曾多次在公众场合表现他的“无知”，他曾说过：“我相信别人胜过我自己。事实上，我并不擅长数学，也从未学过管理或会计。到目前为止，我甚至看不懂阿里巴巴的预算报表和财务报表。这是真的。我并不觉得这是件丢人的事。承认自己无知不是一种耻辱，不懂装懂才是一种耻辱。到目前为止，我还从未在淘宝上买东西，也没有用过支付宝，因为我不知道该怎么用。我总是竖起耳朵听老百姓对淘宝和支付宝的评价。如果我用得太多，就会袒护阿里巴巴的产品。我晚上睡不着，因公司有强大对手而担忧。但是，当我睡不着的时候，公司的员工们才能睡得着觉。”

对于创业者来说，永远不要小看对手，这一原则对企业的生死尤为重要。骄傲很容易使人过度自信，而忽略一些致命的细节。一旦开始骄傲，警惕性就会放松，任何疏忽都可能导致彻底失败。

因此，永远不要小看你的任何竞争对手。永远牢记“竞争对手远远比你聪明”这个信条，是一种让自己发展和壮大的哲学。

高估对手，总比低估对手来得更好。

不经风雨，怎见彩虹

中国首富、阿里巴巴集团创始人马云曾坦言：“我也迷茫过，我也失败过。”

他讲述了自己的故事。

当年马云大学毕业的时候，曾经寄出了 30 多份工作申请，都石沉大海，没得到哪怕一次试用的机会。

网络中流传最著名的一个马云求职故事的主角是肯德基。马云跟其他 24 个人一起去肯德基应聘，结果肯德基聘用了 24 个人，唯一的落选者就是马云。后来马云亲口证实了这一说法：“我们 25 个人去应聘，24 个人被录取了，只有我一个人没录取，当时负责面试的那个老板还是台湾人。”

从这个故事可以看出，马云遇到的挫折，远比人们想象的要多。他总结出一句话：“人必须被生活狠狠修理过，才能有所作为。”

2000 年，阿里巴巴刚筹集到资金，开始在硅谷招兵买马，试图开拓国际贸易业务。但是，当马云来到硅谷时，发现招聘到的外国人不懂贸易，做技术的人也不懂贸易。起步的三个月中招聘的七八十名员工，“都不是阿里巴巴想要的”，不得不进行裁员。

“我很难过，”马云坦言，“有些员工早上刚签完协议，下午就决定裁掉他们。我很痛苦，不知道自己能否承受。”

裁员的时候，阿里巴巴给这些人的补偿有两种，第一种是公司作价两美分一股的股票，第二种是 2000 美元的现金，大多数人选择带着现金离去。现在，阿里巴巴的股价比起当时涨了不止几百倍。

阿里巴巴花了很长时间才从阵痛中恢复过来。伤筋动骨的马云通过裁员事件吸取了教训。他开始大量雇用有国内背景的员工，效果好得多。

“舜发于畎亩之中，傅说举于版筑之间，胶鬲举于鱼盐之中，管夷吾举于士，孙叔敖举于海，百里奚举于市。”舜是种地的农民，傅说是建筑小工，胶鬲是卖鱼和盐的小贩，管仲是囚犯，孙叔敖是海边的粗人，百里奚是奴隶。这些深受挫折的人最终取得了巨大的成就。

温床里的秧苗永远长不大，因为没有经受过大自然的风吹雨打，草原上生长的杂草生命力才是最顽强的，人也是如此。从某种程度上说，人需要残酷的外部环境来磨炼自己的意志和毅力。只有当他受到挫折和打击，才能摆脱稚嫩，变得成熟。

苏格拉底曾经说过：“失败者把困难当作绊脚石，成功者把困难当作垫脚石。”没经历过挫折的成功从来都不是一件好事。因为来得容易，去得也快。不经历风雨，怎么见彩虹，要想站在人生的巅峰，就必须不断搬开绊脚石，踩着它们登顶最高处。

著名小说家斯蒂芬·金从识字起就开始写作和投稿。他有个习惯，把退稿条挂在墙上的钉子上。当他 14 岁的时候，那颗单薄的钉子再也承受不住退稿条的重量，坠落在地。于是，他用一颗大钉子取代了原先的钉子，继续投稿。

16 岁时，他收到了一位编辑手写的退稿信，这是他第一次收到真正意义上的退稿信。

一年级的时候，妈妈对正在看小说的斯蒂芬·金说：“你自己写一篇吧。我打赌你能做得更好。”他上八年级的时候，校长希斯勒女士问他：“你为什么写这么垃圾的东西？为什么要浪费你的才华？”他相信母亲，没有听从希斯勒校长的话。在出版的第一部小说《魔女嘉莉》大获成功之前，斯蒂芬·金生活窘迫，他在高中教英语，年收入仅 6400 美元，住在小镇的一辆拖车里，开着一辆破车，甚至无法支付每月的电话费。

斯蒂芬·金回忆过去时曾说：“我已经可以想象 30 年后的自己。我还会穿着同样的旧羊毛大衣，肘部打着补丁，卡其色腰带都捆不住那耷拉的啤酒肚。因为抽了太多的劣质烟，一年到头都会咳嗽。我戴着厚厚的镜片，头皮屑纷纷落下。在书桌的抽屉里，有六七本未完成的手稿，我不时地拿出来修改。如果有人问我业余时间做什么，我会告诉他们我在写一本书……”

如今，斯蒂芬·金是世界上最赚钱的畅销书作家之一，根据其作品改编的电影不计其数。

人生中遇到挫折和教训也是一件好事，成功往往都要经历挫折才能获得。不在困难中磨砺，怎样“赢得梅花扑鼻香”？

Chapter 2

通透

人生从外部打破是压力，
从内部打破是成长

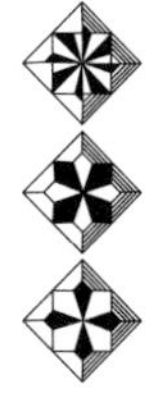

用人品守好你的最后一道墙

一位做投资行业的朋友讲了这样一个故事。

去年，他们投行在香港的分公司招聘了一名新人，那是一位条件很优越的应届毕业生：双学位，能够流利地使用三门外语；说话条理清晰，做事勤奋肯干，实习期间连续加班一个月，却从不抱怨。

两个月的实习期过后，他获得了正式的入职通知书，职位是管培生，公司的高层希望今后能将他提拔到管理层。

投行素来以高薪著称。对于应届毕业生来说，假如他们进入投行，可以说是直接迈入了金领行业的门槛。

这位新人兴奋不已，表示愿为公司做更多的事情，创造更多价值。事实上，他也是这样做的，连续参与了公司在美国总部的几个项目，虽只是起到一些辅助的作用，但受到了很多同事的好评。

后来，公司拿到了一个新项目，是一家内地公司的投资申请。该公司尚未上市，但勉强可以算得上是该行业的领军企业。根据内地规定，非上市公司不需要公布财务报表和资产流动情况，但这些数据对于投行的评估工作非常重要。

“给我两个月的时间，我就能得到公司需要的所有数据。”在部门项目会议上，这位年轻人拍着胸脯向大家保证。对于公司来说，这个项目的金额并不大，其他方面的数据已经基本完成，所以同事们放心地把这个任务交给了这位新人。

令人惊讶的是，他的确在不到两个月的时间内整理出了所有需要的数据。在这些财务数据的支持下，项目进展非常顺利。当投行的部门主管与这个企业签署合同时，一名来自大陆的高管似乎不经意地问了一句：“这些数据事关机密，应该是这个企业严格保密的，你是怎么弄到的？”

这位新人得意扬扬地说：“我有一个朋友在这个公司工作。请他喝了一顿，塞给他一点钱，就解决了这个问题。”年轻人回答的时候满面红光，丝毫没有注意到在座每个人的脸色都变了。

会议刚结束，他就被公司的人事部叫去问话，他手头的所有工作全部暂停。

我的朋友非常惋惜地跟我说：“这个年轻人太没耐心了，找漏洞、钻空子是投行的大忌，他这么聪明的人，怎么就不明白这个道理呢？”朋友痛心疾首地说道，“收集数据并不是什么难事，到税务局去检查税务信息，调查上游和下游企业的资产流动情况就可以，只是需要花点时间和精力罢了。却偏偏在这种小事上出了问题！”

“然后呢？”我问。

“自然是把他解雇了。公司允许能力不够的人慢慢成长，但从不用心怀不轨或者品行不端的员工，因为投行讲的就是信誉。”求朋友又说，“平时演戏谁都会，但你要在这个行业待一辈子，路遥知马力，日久见人心。”

我记得《非你莫属》有一期的女嘉宾非常优秀。她是一位应届毕业生，容貌姣好，气质落落大方，在校期间曾担任学生会主席。这位女孩的表现非常优异，很快得到了台下十二位老板、专家的好评。

到了节目即兴问答的环节，她无意间讲到了自己曾为一家教育培训机构宣传招生的往事。正巧，台下一位老板曾经从事过教育行业，于是提问道：“当时你招生的现场转化率是多少？”

这位女孩随口答道：“百分之三十。”

在座的老板们听了之后炸了锅。那位从事培训教育多年的老板根据自己的经验现身说法：“我在教育行业做了十七年，现场招生是一个非常艰难的工作，我的转化率最高也不过百分之二十三，你确定能做到百分之三十？”

质问之下，这个姑娘很快推翻了此前的答案，承认自己只是“大概估算”。从这时候开始，台下的评委们对她的评价已经直线下跌，质疑和责问取代了原本的欣赏与喜爱。

该节目的主持人涂磊给她的评价非常中肯：“始于颜值，陷于才华，却失于人品。”

上面两个例子说明，人品往往体现在小事上。你的一言一行、一笑一颦都可能会体现你的人品。人生逐利本无可厚非，但请守住你心中的那个底线。

我有一位朋友在淘宝上开了一家专门批发食品的网店。

有一年的双十一促销期，她手中的订单暴涨，但是供货商却出了问题。她之前一直合作的厂家手中囤了一批快要过期的货物，想把这些保质期仅剩两个月的食品卖给她。她坚决不接受，在电话中跟厂家吵了很多次都没有结果。无奈之下，这位姑娘自掏腰包，在附近的超市中采购这些货物，以零售的价格买回后再以活动预定的批发价格卖出去。就这样，为了保证客户们能得到新鲜的食物，双十一这天，她损失惨重。

身边的朋友笑她傻，“双十一本身就是处理囤货的时候，所以才会这么便宜啊！现在有多少人双十一上网买东西还看保质期的？再说，你的货物也没有过期，只不过是临近保质期而已。你为这打落牙齿和血吞，又没人知道，何苦呢？”

“我不管别人知不知道，反正我自己知道。”她毫不让步。

这样一个看起来“傻傻的”姑娘，网店里的东西常年比其他商家贵出一两块不等，却一直生意兴隆。

有一次我跟她聊天。她说：“很多人做生意只追求利润，却看不到信任成本。大企业的东西之所以贵，未必因为质量多好，而是因为大家信任这个品牌。一次两次地占别人便宜很容易，但是谁会傻到让你一直占便宜？生意人的信任一旦失去，想要挽回的话，付出十倍的金钱都不一定能成功。”

我曾经在网上看到过这样的一段话，与大家分享：

你可以如狐狸般狡猾，可以如丝绸般圆滑，可以大智若愚，但你一定得坚持住一道底线，这个底线就叫作人品。

人品这个东西，平时看起来没什么大用，甚至会让你觉得很累赘，但是关键时刻或许就能挽救你的职业，你的前途，甚至你的生命。守好自己心里最后的一堵墙，那就是你的人品，也是人与人交往的底线。

张开双手，迎接各种不幸

骆驼是生活在沙漠中的一种动物。它性格坚韧忠诚，勤奋上进。动物学家认为它粗颈而长脖，身高体壮，棕毛重睑，四肢修长，忍饥耐渴，长于负重。在沙漠中，人们依赖它们携带物品，或把它们作为代步工具，因此骆驼素有“沙漠之舟”的美誉。

科技日益进步，即使在畜力运输工具被淘汰，汽车、火车、飞机大行其道的今天，骆驼仍是沙漠中唯一的交通工具，任何想要进入沙漠的人依然需要骆驼。

人们若像骆驼一样坚韧不拔，定成大器。

我想到了明代中后期茶陵诗派的核心人物，著名的诗人、书法家、政治家李东阳，就是一位忍辱负重最终造就辉煌的典型人物。

李东阳年少成名，三岁就被皇帝召入宫中表演书法，十五岁成秀才，十七岁中举人，从此踏入仕途。

如果你认为李东阳是一位成功人士，那就大错特错了。相反，李东阳命运多舛。他少年丧母，中年失妻，兄弟阴阳两隔，老年丧子，人生中的“生死离别”几乎尝遍。

李东阳入仕极早，但升迁缓慢，直到四十八岁方才进入明朝权力中枢机构——内阁。在进入内阁后，他居然上书皇帝，要求辞官。原来，他的三个儿子两个女儿相继去世，他为此悲愤不已。特别是聪慧异常的次子，却在二十七岁那年忧郁过度，最终去世。李东阳的小儿子未满周岁便夭折。他从此绝后，只能过继兄长家的孩子，在这种悲痛欲绝的状态下，他向皇帝提出辞官。

李东阳精明干练，政务娴熟，皇帝自然不会批准。于是李东阳忍受着丧子之痛，依然靠一己之力支撑着大明朝廷，慢慢成为朝廷的内阁首辅。

可惜的是，他做首辅之时，却是多事之秋。皇帝明武宗宠信宦官，太监刘瑾专权。这位中国历史上出了名的“恶宦”为非作歹、把持朝政。李东阳与内阁大学士刘健、谢迁多次进谏，皇上置若罔闻。内阁大学士们愤懑不已，集体辞官。皇帝无奈之下，请求李东阳留下来主持大局。

李东阳忠君事国，忍辱负重，留下独撑大局。他必须着手对抗弄权的刘瑾，但大学士谢迁、刘健辞职后，李东阳的势力十分单薄，独木难支，无力回天。他所能做到的，就只有想方设法与刘瑾的势力周旋，千方百计地主持朝局。据说，刘瑾所批阅的奏章，李东阳从不说什么，只是点头。刘瑾为了安插自己的亲信，陷害打击一大批官员。对这些人，李东阳不遗余力地进行搭救，像刘大夏、杨一清、崔睿、姚祥、张玮等大臣，不管是支持他还是反对他的，李东阳都出面营救使其免遭囹圄。

李东阳如此隐忍，却得不到世人的尊重，屡遭朝中同僚的弹劾。当初李东阳曾与刘健、谢迁同时上疏请求退休，皇帝不允，强留李东阳，最终成为“一人之下，万人之上”的首辅。很多人认为李东阳贪图权势，恋栈不去。

有一位名叫陆沧浪的人专门写诗讽刺他：“文章声价斗山齐，伴食中书日已西。回首湘江春草绿，鹧鸪啼罢子规啼。”讽刺挖苦李东阳该退不退，名誉扫地。甚至李东阳的门生罗玘也公开写信斥责他，声称要断绝师生关系。

还有人画了一幅丑老妪骑着牛吹笛子的讽刺画，画中老妪的额头上题着“此李西涯相业”（即这是李东阳的写照），以此嘲讽。当时，李东阳被人称为“伴食宰相”。

面对如此毁誉，李东阳不动声色，自题绝句一首：“杨妃身死马嵬坡，出塞昭君怨恨多。争似阿婆骑牛背，春风一曲太平歌。”

李东阳内心忍受着被人误解的痛楚，因循隐忍，委曲求全。四年后，他帮助皇帝一举铲除了刘瑾的势力，朝局再现光明。这时候，人们方才明白了李东阳的良苦用心。

这就是忍辱负重的李东阳，正是这种伸手拥抱不幸，坚忍不拔，矢志不渝的品格，使得他功成名就，得偿所愿。

如果我们把提升自身格局的过程比喻成盖房子，那么，“忍辱负重”就是用来加固这栋房子的水泥。当人拥有了忍辱负重的品质，必能将自己的人生格局推到一个无与伦比的巅峰。

有句话说得好，“不忘初心，方得始终”。一个牢记最初信念的人，在逆境中也能做到从容淡定。即便内心愤懑，都能够暂时忍耐，静待翻盘的那天。“宝剑锋从磨砺出，梅花香自苦寒来”。学会微笑，忍受磨砺，方能成就大格局。

井底之蛙，永远看不到辽阔的大海

见识低微的人，仿佛站在山脚下，“只见树木，不见森林”。见识平凡的人，如同站在山腰，“横看成岭侧成峰，远近高低各不同”。见识卓越的人，就像站在山巅，“不为浮云遮望眼，只缘身在最高层”。

任何读过《井底之蛙》这个故事的人都会嘲笑井底的那只青蛙见识浅薄。事实上，经常嘲笑“井底之蛙”的我们，眼光就比它高明多少吗?

我有一位朋友从事教育行业，有一次他的学校想要加盟一个作文连锁品牌。比来比去，找了一个市场上还算知名的品牌。

加盟后几个月，我有次去他校区喝茶，问他学校如何。

他摇摇头说：“上当了，上当了。”

原来，这个作文品牌加盟费虽然便宜，但后续的收费多如牛毛。“就好像杀鸡取卵一般”，我的朋友如是说。

教育行业是目前社会上竞争最为激烈的行业之一。作为一家规模还可以的民营教育机构，我这朋友经营举步维艰。老师薪水、运营费用、房屋租金甚至是冬季取暖费用都令他深感吃不消。

这种情况下，他选择加盟商的时候精打细算，唯恐多花冤枉钱。然而他所选的这家机构，加盟费虽然便宜，但是随堂使用的教材特别贵，后续的师资培训也不便宜，再加上培训时间过长，诸多不利因素使他的成本大大增加。

尤其是前期招生情况不如人意的时候，我这朋友更显得捉襟见肘。

事实上，我早就警告过他。我曾陪他去武汉调研过这个教育连锁机构，当时有两件小事引起了我的注意。

在新老师培训上课期间，团队建设环节完成后，授课老师在上面宣布纪律："迟到一次，予以罚款。"

罚款，似乎是中国企业的陋习之一。我曾在国外的公司待过，对于上班时间，外国公司有非常大的弹性，超大型的企业如谷歌等，甚至不安排硬性的工作时间。一些小一点的公司尽管也有严格考勤，但是上培训课迟到罚款的现象我从未见过。

第二件事是，在毕业典礼环节，每位培训学员都要缴纳 5 元钱，作为毕业典礼聚餐的餐费。要知道，这些新老师前来培训的时候，已经缴纳了数千元的培训费。

一家将自己包装成国内一流教育品牌的公司，居然还要收取每位学员5元钱的毕业典礼费用，小家子气昭然若揭。

由此，我推断出这家教育连锁品牌不会在市场上撑太久，可惜，我的朋友出于各方面的考虑，最终还是选择了这家机构，现在为此挠头不已。

市场上有家叫作“邦倬”的快速阅读教育连锁品牌近来发展极为火爆。创始人张斌的课程推广思维非常特别：不但不收加盟费，且先让加盟商派人去免费培训，效果好了再决定加盟事宜。两年间，邦倬的加盟商突破了1000家，“薄利多销”的思路已初见成效。

对比两家教育机构的营销策略后，我毫不怀疑，邦倬的企业规模能够做得更大更强，虽然现在它的单家利润不如第一家，但总利润肯定很惊人。更可怕的是，邦倬掌握了一张销售网、一个教育平台，今后不管推广什么课程，都会相当顺利。

假如有一天，邦倬有了自己的作文品牌，肯定能将上面提到的那个老的教育品牌挤出市场。

这并不是邦倬独创的思维。事实上目前中国超大型企业的抢占市场之路，普遍运用的就是这种思维。

2012年，程维从支付宝某个重要部门的副总经理职位上离职，身上揣着 80 万人民币开始在北京创业。最终创办了一款叫作“嘀嘀打车”的软件，2014 年 5 月这个软件改了一次名字，就是如今中国人耳熟能详的“滴滴打车”。

从 2012 年 7 月至今，滴滴已经占领了网约车大部分市场份额，市场估值或达 5000 亿人民币。然而，滴滴的起步非常艰难。

当时，市面上并非只有一款打车软件。前有欧美方面的 Uber 先行一步，后有快的虎视眈眈。谁能更快一步地占领市场，谁就能在竞争中脱颖而出。占领了北京市场后，滴滴接受了腾讯向他们抛出的橄榄枝。

然而，刚开始并没有那么顺利。滴滴的两个主要股东程维和王刚其实都是阿里巴巴出身，对腾讯非常排斥。但意外的是，腾讯掌门人马化腾几乎答应了程维和王刚的所有条件。从此，滴滴走上了飞速发展的道路。

滴滴成功的秘诀只有一条：烧钱、烧钱、再烧钱。

滴滴与腾讯展开合作之后，面临的挑战更大了。马云的阿里巴巴已经注资了几乎和滴滴同时成立、已经占据了长三角市场的快的，滴滴必须快速超越快的，抢占市场。

此后，滴滴和快的展开了你死我活的激烈竞争。2013 年，快的先行一步，并购了当时打车软件市场排名第三的大黄蜂打车。此时，滴滴和快的市场份额不分伯仲。

2014 年 1 月，滴滴首先吹响了烧钱补贴大战的号角。

据说，这时候滴滴打车想做一次促销推广，找腾讯申请几百万元的预算。但马化腾直接转给滴滴几千万，任务就一个：快点抢占市场。这次补贴使得滴滴的成交量暴涨，短短一周内，几千万的补贴就已用完。

一周后，支付宝和快的反应过来，也加入到补贴大战中来。

不少人依然记得那场旷日持久，轰动全国的补贴大战，很多司机因此赚得盆满钵满，乘客甚至能免费打车，滴滴在这次大战中获得最终胜利，将快的踩在脚下。

根据 2018 年的数据显示，过去 6 年来，滴滴出行一共烧掉了约 390 亿人民币，几乎垄断了整个网约车市场。

如果，滴滴与马化腾如一般升斗小民纠结于一时的蝇头小利，要出头恐怕要等到猴年马月了。

中国有个成语叫作“高瞻远瞩”。有些风景，如果不站在高处，永远体会不到它的魅力。

我们的目标是星辰大海，何必去跟一块砂石较劲

一个朋友在微信上开了一门关于职业规划的微课堂，两小时的课程，只象征性地收费 5 元，几个微信组内有近千人上课。

某次问答环节，突然有一人跳出来在微信群中打字咒骂道：“我听了两小时，生活中的问题一个都解决不了，简直是浪费我的时间和金钱，开讲座的人真是个大傻 ×！”

为避免自己的发言被后面学员的发言所掩盖，他不断地复制粘贴这个句子刷屏。很多人跳出来为我的朋友辩护，不少人用了更恶毒、更粗俗的语言无情地回敬他。但这个人没有表现出任何收敛的迹象。

那一段时间，微信群里充满了谩骂与对抗，直到我的这个朋友发了一份 @ 全部人的群公告，告诉大家：“感谢你们为我出头，为了保证微课继续下去，请大家忽视那些挑衅性的谩骂，继续提问。”然后就不再理睬那个闹事的人，对他的谩骂视而不见，继续从容不迫地回答学员们的问题。

那人感觉被冷落了，如同挨了当头一棒，讪讪地退了群。

在课程结束时，我们几个亲密的朋友安慰他说：“不要生气，有些人素质不高，这是没有办法的事。”

他则说：“这种人总是幻想用两小时的课程和五块钱来改变自己的生活，他的生活如此廉价，根本不值得我生气。其实我特别能理解这种人，他们无力去解决现实生活中存在的问题，只能把改变生活的希望寄托在别人身上。而且他们渴望能一步登天，同时不希望付出代价。碰壁之后，往往不敢承认自己的无能，而是向别人发泄心中的愤怒。但是，那又怎样呢？越是愤怒，就越难解决这些问题。”

我有位女性朋友，毕业之后去一家医院做了护士。前些天，她从普通病房转到重症病房。重症病房的工作太累了，一天二十四小时精神都不能放松，每天都像在打仗。她面对的，不仅仅是工作的压力，还有死亡、离别、病痛以及愤怒。

来自病人或其家属的不满挑剔、无理要求甚至谩骂哭闹，她不得不像海绵一样全盘接受。

某天我们约好一起吃晚饭。她换完衣服，刚走出办公室，就被一个病人的家属拦住了。那人把一个热水瓶放在她手里，态度强硬地吩咐她：“去给我父亲打瓶水来。”她还没来得及说出“我下班了”这句话，那家人就开始愤怒地咆哮起来，还夹杂着污言秽语："你不就是个小护士吗？摆什么架子？我们花这么多钱来住院，你打瓶水都懒得动吗？去叫你们院长来……"

我正要为她辩护，她拉住了我的衣袖："算了吧，不就是一瓶水的事吗？等会儿，我去去就来。"

我因她的好脾气而唉声叹气。她说："事实上，一开始我也受不了。几乎每天晚上都要哭鼻子。我不明白，为什么普通病房的病人和家属都那么通情达理，到了重症病房却会变成这样呢？"

"可是，后来我慢慢地懂了。当一个人的沮丧情绪因为不治之症而逐渐蔓延到生活中时，愤怒就会逐渐成为他对抗世界的唯一武器。"

她向我讲述了一个来自农村的老人因为承担不了高额的治疗费用，不得不放弃因为车祸瘫痪的妻子的故事。走的时候，他用最肮脏、最恶毒的语言问候了所有医生和护士的家人。

"你知道吗？现在我们重症病房的医护人员听到这种谩骂的时候，没有人生气，有的只是悲伤。"她说，"如果他有更多的钱，如果他有强大的赚钱能力，如果他有机会坚持下去，他就不会那么愤怒。可是，他什么也做不了。"

我也曾见过一位平素很和蔼的老人，当得知自己不幸罹患癌症的时候，仿佛变了一个人一般，对身边的亲属子女横加指责，一直到离世为止。

当一个人对生活无能为力时，才会容易发怒。

我曾经也是一个极易生气的人，由于生活经验不够，不知该如何应对别人的责难。每当遇到生活中的烦恼和失望的时候，就会感觉自己被逼入了绝境，只要一点火星就会点燃我的愤怒，让自己陷入无休止的争吵。后来我发现，其实并不是这个世界辜负了我，而是我明知自己失败却不愿意承认，或者不愿意让别人看穿我的失败。所以全身戾气，满腹牢骚。

当一个人对自己的生活无法负责任时，他生活中的一切都是错的。

而现在，我的性格和脾气都温和了很多，不是因为时间已经将我的棱角磨去，也不是仅仅因为那句“不跟傻瓜一般见识”箴言的安慰。

我不再易怒，是因为我开始学习如何解决问题，如何化解敌意。

当我有更多的方法来解决问题时，愤怒不再是我拥有的唯一手段。当我更加争气的时候，就不会那么容易愤怒。从前必须反唇相讥的人，现在根本不想理他，因为他不值得，因为我不在意。我们人生的目标是星辰大海，何必去跟一块砂石较劲。

信命的人被命运操纵，不信的人操纵命运

二大爷是一位老工人。

他年轻的时候，在一家砖瓦厂上班。那时候生产力水平低下，没有汽车、吊车，甚至连拖拉机都没有，出厂的砖瓦全靠肩扛手提。

二大爷高中毕业后就在这个工厂上班，在车间里推车、扛瓦，每天累得半死。后来，一位领导看他能写会算，提拔他做了车间主任。

按理说，二大爷的人生从此应该走向辉煌，但天有不测风云，工厂的效益江河日下，两年后倒闭了。

二大爷失业了。

后来政府调剂，让他去了县城一间水泥厂上班，一直熬到五十岁。他身体多病，已不适合在水泥厂这样重污染、高强度的企业上班，于是想办理病退。却发现办理病退的人很多，有很多人甚至比他的情况严重多了。

病退无望，二大爷想到了提前退休这条路——他从事的行业属于重体力劳动、重污染行业，按国家规定，连续工作一定年限，可以提前退休。

当他去询问提前退休事宜的时候却傻了眼。已经破产的砖瓦厂档案上，不知是谁，将他的身份记录为“车间主任”。车间主任是脱产干部，不算一线员工。换句话说，二大爷在砖瓦厂车间里的十多年血汗，被这四个字完全抹掉了。他只好从单位内退，每年自己缴纳社保，等待退休年龄到来。

我大妈每说到此事，都感慨二大爷“命不好”。

很多时候，我都会听到身边的人这样感慨：某人的命真好，某人的运气真顺！每当此时，我都想说点什么，不吐不快。

自古以来，我们中国人有很多关于“命理”的说法。很多人觉得自己厄运的根源是“不公平的命运”。如果一家死了人，就会说“死生有命”，生活遇到不如意的时候就感叹“我命中该有此劫”，等等。这其中的“命”，所指的多是“命运”。

“命运”这个词，顾名思义，就是上天为我们安排的遭遇。迷信的人相信世界分为三个部分：天堂，人间与冥界。每个人的命运都是由上天注定的。根据人们在阳世间做些什么，上天决定他去天堂或地狱。因此，天意掌管一切，人不能与自己的命运抗争，奋斗与顽抗是徒劳的，人就该顺应自然。积德行善，死后就可以上天堂。否则，死后将下十八层地狱，灵魂永世不得安宁。

当然，伴随着人们教育程度的提高，已没有多少人相信这些鬼话。但是，社会上的人们还是热衷于“预测命运”。这其中，星座就是人们津津乐道的命运预测方法之一。许多现代人通过星座来预测自己的命运，甚至有不少人认为，星座预测“准得可怕”。

我身边不少朋友也秉持这种观点，既有朝九晚五的上班族，也不乏高学历的大学教师。

必须指出的一点是，星座更多的是一种心理效应。从科学的角度说，这种现象称之为巴纳姆效应（Barnum Effect）。巴纳姆效应是 1948 年由心理学家伯特伦 · 福勒通过试验证明的一种心理学现象，以杂技师巴纳姆的名字命名。其主要观点是：人们很容易相信那些笼统的、一般性的人格描述。即使这种描述十分空洞，人们仍然坚信这些描述反映了自己的性格面貌，哪怕自己根本不是这种性格。

英国心理学家汉斯 · 艾森克对这种现象很感兴趣，于是对“星座决定命运”的学说进行了实验论证。星座学说的原理是：把每个人的出生日期归入一个星座，不同的时间段对应十二个不同的星座，然后不同的星座拥有不同的命运与性格。

根据古希腊黄金十二宫传说，外向的星座包括白羊座、狮子座、双子座、天秤座、射手座和水瓶座，内向的星座包括金牛座、巨蟹座、处女座、天蝎座、摩羯座和双鱼座。然后，人们根据所谓的“金、木、水、火、土”这些不同的命理属性，来区分星座的性格特点。例如，在内向的星座中，金牛座、处女座和摩羯座是土相星座，所以这些星座的人们做事比较稳重，态度比较平和。巨蟹座、天蝎座和双鱼座是水相星座，这些星座的人们相对有点神经质，情绪起伏比较大。

人类性格真的符合星座规律吗？艾森克为此做了很多研究。

起初，艾森克和英国著名的占星家杰夫·梅奥合作，对由杰夫·梅奥经营的星象学学院的2000多位学员进行了调查。他们完成了艾森克创制的性格问卷，结果令人难以置信：这些人的性格特征与相关星座学所描述的性格特征完全相同，这个结论让占星家们窃喜不已。

但艾森克想知道，这个研究人群的受众面是否太狭隘了？为了得到一个客观的答案，艾森克找了一群对占星术一无所知的人接受调查。艾森克去了很多学校，挑选了1000名10岁左右的孩子，他们对星座、性格和命运之间的关系知之甚少，得到的结果与上次大相径庭。孩子们的性格与他们对应的星座描述几乎没有共同之处！

占星家们大失所望，但他们认为这个结论并不科学，因为孩子们还太小，对人性一无所知，如何确保所得到的答案是准确的呢?

于是艾森克又招募了一些成年人，他们中有些人喜欢研究星座，另一些人则对星座毫无兴趣。结果，艾森克发现，那些知道并相信星座理论的人与星座描述的性格特征相符，不相信星座的人的性格特征与其所对应的星座性格描述迥然相异。

艾森克由此得出结论：人只会成为自己潜意识里“想成为”的那个人。换句话说，相信占星术的人会被星座学说所控制，而不相信占星术的人则自己控制命运。这也就是我们中国人常说的“信则有，不信则无”。

同样，相信命运的人会被命运所操纵，不相信命运的人自己操纵命运。

敢于打破命运，才能最终掌握命运。

成功者千方百计，失败者千难万难

爱美的妹子总会过于关注自己的体重。“呀，又重了几斤噢！”“天哪，再也不能吃甜食了！”“明天我就跑步！”

虽然她们十分艳羡别人袅娜的身姿，虽然她们也曾在瑜伽室里挥汗如雨几个月，然而之后她们又“做回了自己”，该赖床赖床，面对着一大堆花花绿绿的零食就管不住嘴。结果可想而知。

最近网上对倪萍的报道很火，她曾是央视的当家女主持，疾病和年龄的原因，让她身体变得臃肿不堪。面对着逝去的青春，我想她心中的不甘和痛苦一定是以平方增长的。可一段时间后，她华丽地转身了，虽然面容老去，但她的身材却又亭亭玉立。有人发出赞叹：“不愧是女神！”

女神也是人啊，谁知道这变化之间她遭受了多少罪？她又洒下了多少汗水？从外出需要人扶着的“老阿姨”，又重回到年轻可人的“模特”，这巨大的反差简直像神话。但是她真的让这一切发生了！

她靠的是自己的勇气和努力。我相信，没有人生来就希望自己被贴上“老”或“丑”的标签，除非神志不清醒。她知道自己需要改变什么，所以她就努力了，结果还成功了。

我想，那些控制体重之所以不成功的女子，大都没有为自己设置一个非达到不可的目标。只是说说就行了，只是意思意思就差不多了，又会有什么改变呢？如果说多一斤赘肉就得工资下调，多十斤就得面临下岗，我相信瑜伽室与操场、晨练的路边，一定会被她们挤爆了。之所以没成功，只是因为她们习惯于现状并且爱找借口。

想改变，光有态度没有行动，是远远不够的。我很小的时候，爸爸曾给我讲过一个故事：

一个富人心眼很好，见一个穷人食不果腹，就送他了一头牛，让他用来耕地种庄稼，这样以后就有饭吃了。穷人很开心，牵着牛就回家了。

他喂了牛几天草后，心想，我的日子还是没有改变啊，还是没饭吃，还得喂牛。牛的食量那么大，我还不如把牛换成羊呢。结果他就行动了。羊儿的确省心了不少，但一直不下崽，他又急了，这么下去，他还靠什么致富呢？他饿得两眼冒金花，宰了一只羊。越寻思越不对劲，养羊还得放外面吃草，还不如养鸡省心。可是靠卖鸡蛋换钱太慢了，所以他还是家徒四壁，饿了就杀一只鸡吃，日子这么一天天地过去了，鸡没了，他还是穷着饿着。

第二年春天，富人来一看，穷人啥也没有了，气得再也不管他了。

小孩子也知道这穷人穷得活该，谁让他懒呢。要过美好的生活，只是画饼充饥可不行，要付出辛勤的汗水才成。现代社会，人只要勤快，日子还是可以达到温饱的。很多人富了，不仅是因为他们有了要富的思维，更多的是因为在背后付出了超越常人的很多努力。但生活中爱找借口似乎成了很多人的习惯。“那个客人我对付不了”“我现在下班了，明天再说吧”“我明天有事情，完不成这个工作”“我很忙，现在没空”“这件事不能怪我，原本就不该我来干”，诸如此类。这样的人和那个故事里的穷人是一样的。天上不会掉下馅饼，每个人不可能不劳而获。在眼红别人的成果时，不知这些人是否想过：我是否已经付出了所有的努力？为什么别人行，我不行？

英国成功学家格兰特纳说过这样一段话：“如果你有自己系鞋带的能力，你就有上天摘星的机会！”中国也有句古话：“挟泰山以超北海，语人曰‘我不能。’是诚不能也。为长者折枝，语人曰‘我不能。’是不为也，非不能也。”一个失败者若总是习惯给自己找借口，那他即使有成功的可能，也会因为自己的懒惰和堕落，而与失败为伍。

驯服孤单，才能学会好好生活

我的一位朋友经常会在朋友圈或者公众号发一些文字。有一次，一位女大学生在后台给她留言，问她：“为什么有些人生下来就是众星捧月的存在？她长得不是特别出众，人也不是特别好，为什么总处于朋友圈的中心呢？”

这位女生现在正在读大一，她没有十分亲密的朋友。没有人放学后等她一起离开教室，也没有人愿意和她一起买饭、一起回宿舍，这让她觉得自己是一个可有可无的人。她说：“我也想成为朋友圈中炙手可热的人物。”

我的朋友回复她说：“要是没有人等你一起放学，你可不可以试着等等别人？”

她接着回复道：“我一直都在等别人，生怕别人因我不等她们所以她们也不等我。但我等的人走的时候不一定会等我，真的很苦恼。”

这个女生的经历，恰恰是我这位朋友所经历过的。

时间可能是最能让人变得睿智的东西。在我们这个年纪，大概可以从很多不同的角度告诉她应该怎么做。例如，那些让人们不能拒绝的谈话艺术；例如，社会心理学那些基于互惠原则使人产生愧疚感的招数；例如，如何找到同样害怕孤独的人，然后跟他们抱团取暖坚持下去。

但我的朋友没有这么做。因为她知道，一个人要摆脱孤独的痛苦感觉很容易，一个人要避免独自吃饭的尴尬很简单。人生的道路上，最难击败的终极人生关卡不是失败或破产，甚至也不是生与死，而是孤独。

于是，她给这位女大学生讲了自己的故事：

第一次体会到孤独的压力是在某次和朋友聚会之后。

我大一的时候也害怕一个人待着。每个周末，我都会约上朋友们出去吃饭。哪怕只在街上随便溜达，也不愿一个人待在宿舍里。

那是一个仲夏的下午，我们五个女孩坐在咖啡店里聊了一下午。到了打车回学校的时候，我们遇到了一个难题：车子只能坐四个人，而我们却有五个人。

其中一个女孩对我说："你不是住在附近吗？你可以回家啊。

我们四个人打车就刚好了。”

从逻辑上看，这显然是最合理的安排。但是，当目睹她们四人有说有笑地打车离开时，我感到很难过。不只是因为“被单独留下”难过，还有寂寞背后那巨大的阴影：你是一个微不足道的人，她们并没有那么喜欢你。

这感觉就像一场突如其来的洪水，轻易地摧毁了我精心建造的、摇摇欲坠的安全感城堡。这并不是孤独唯一的表达方式，它还有很多种不同的形式，就像一个无法摆脱的幽灵，时刻徘徊在你的生活中。

当我看到美丽的风景，兴高采烈地想要和妈妈一起分享时，她却在电话的那头压低了声音说：“亲爱的，我正在开会，待会再打给你。”

当我在单位背了黑锅百口难辩，满怀期待地想找闺蜜抱怨的时候，她却连说了几句对不起：“宝宝今天有点发烧，犹豫着要不要带她去医院。”

叽叽喳喳地想把自己的小情绪、小想法说给别人听，却只得到几个诸如“我知道”“一切都会过去的”甚至“连这点小事你也想不开”的回复时，涌上心头的，就是那个叫作“寂寞”的对手。

寂寞来得那么快，那么多，那么令人措手不及，我们如何从它的手中逃生呢？

我已经试过很多方法去对抗寂寞：跟微信上素不相识的人尬聊，跟微博上的陌生人互动，登录到城市聊天室里交友；或者急急忙忙地为自己找到一个室友，每天在朋友圈里发送五到六条动态，每隔十分钟就拿起电话，看看又有多少人为我点赞，或者回复了我那挥之不去的寂寞。

但是，寂寞并不是一个人就能解决的问题。

有一次，我与男朋友出去吃饭。由于我刚独立完成了一个项目，感觉有满肚子的话想跟他聊聊。正要开口，他接到了大客户的电话，边聊边从口袋里掏出记事本，然后充满歉意地看了我一眼，开始沟通工作。

直到一小时之后，他才挂断电话，满脸赔笑地问我：“刚刚你想说什么？”我当然明白他是为了生计被迫晾了我一小时，心中也没有生气，但却不再有说话的兴趣了。

这世界多么可悲啊，明明两个人近在咫尺，那一刻却好像远在天涯。

我已经和孤独战斗了很多年，也无数次被寂寞打得灰头土脸，所以我敢肯定地说：即使有人每天等你一起回宿舍，和你一起吃饭，每天和你一起度过二十四小时，你仍然会被孤独缠上。在未来的时光里，你将会有大把机会见识到寂寞的各般手段。它能打碎你的玻璃心，时刻提醒你的渺小，不时地把一桶冷水泼到你的头上，把你的幻想撕成碎片，一遍又一遍地告诉你那残酷的真相：

你不是宇宙的中心、不是人见人爱的人民币、不是谁的心肝宝贝、不是谁的人生挚友，你只是你自己，你只有你自己。

后来，我问朋友说："那位女大学生的问题解决了吗？"

我的朋友笑笑说："我们每个人都被孤单击败过无数次，一个人吃火锅，一个人看电影，一个人听讲座，这些情况不胜枚举。已经孤独了，难道要自暴自弃吗？"

人与人之间的区别，不在于是否经历过孤独，而在于如何对待孤独。

我们都是在孤独面前彷徨无助的普通人，我们无法躲避它，所以只能慢慢地学会驯服它。

善待你的思想和情绪，不要用它们绑架别人。

珍惜每一刻，能明白时间转瞬即逝。

既然只能做自己，那就好好做自己。

最后，她说，虽然不知道那位女大学生怎样了，但愿她能成为一个懂得驯服孤单的人。

Chapter 3

认知

坎坷总会接踵而至，

坦然接受并保持努力

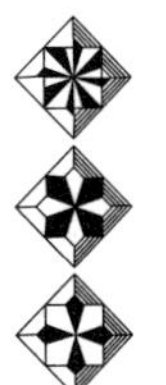

开放心态，打开心扉

最近的一部电视剧《大江大河》很火，想必很多人已经看过。里面的三个主人公宋运辉、雷东宝、杨巡的命运跌宕起伏，让人感叹不已。

相对而言，里面的雷东宝保守一些，但也能在宋运辉的帮助下觉醒起来，为乡民们做出贡献。他在事业刚起步的时候，把大学生小舅子宋运辉看得神一般无所不能，甚至一次一次地让他帮忙出谋划策。为什么天不怕、地不怕的雷东宝这么为宋运辉所折服呢？就是因为宋运辉思想开阔，学识渊博，比雷东宝更有格局。

要想人生格局更广阔，就必须要打开心扉，学会接受新事物，善于主动发现新事物，来拓宽自己的格局。雷东宝虽然遭受了失败，但是他善于学习，一直向外扩大着自己的格局，虽屡次失败，但一直在努力。杨巡本是一个穷孩子，在改革开放的大背景下，从换鸡蛋到卖电线，最后建立了自己的商业帝国。他的人生格局产生了重大变化。

相对于一个人的人生，一个国家的命运更让人关心。1978 年的中国经历了改革开放，人们再也不受“三尺布票”限制了，穿着上突破了“黑白灰”；因为改革开放，粮食的产量高了，人们再也不用“粮票”了；因为改革开放，出现了电视、摩托车等电器，到 2000 年，人们的生活实现四个现代化。

随着改革开放的深入，新事物层出不穷，昨天还很安全的双重防盗门，明天就被指纹密码感应电子锁取代，后天觉得手要受伤了指纹难识别，门打不开，就研究生产出眼角膜识别或语音识别安全系统……如今在互联网纵横，电脑已然成为生活、办公必备工具的时代里，能使用电脑，善于利用电脑才是被人重用的优势。如果一个人还躺在历史的光阴里，怎么能跟得上历史的车轮呢?

改革开放让人振奋，但是也不能忘记历史。在晚清时期，由于清政府闭关锁国，国力衰微，军事也极其落后。那时的英法联军虎狼一样地扑到了圆明园，让这座有着“万园之园”之称的皇家园林毁于一旦。后来，清朝灭亡，中国又陷入长期的动荡不安之中。这是多么惨痛的教训，至今想起还令后人不寒而栗!

社会在前进，经济在发展，人们的观念也需要与时俱进。在这股大潮中，我们必须主动迎难而上，步步领先。虽然我们也会像雷东宝那样遇到这种那种的问题，但是只要抓紧机遇，把握机会，用胆识指引我们的方向，相信我们会过上更美好的生活。

别再故步自封了。虽然有很多人感叹，社会发展得太快，以至于抓不到任何新发展中的商机。有这样想法的人就是因自身落在新事物的后面，只懂得被动接受新事物，从不去思考新事物发展的始末，无法看清新事物诞生的过去、现在与未来，更不会从中寻找商机，找到新发展的突破口，走到新事物发展的前面。

我始终认为，成功者与普通人最根本的区别在于思维方式的不同，成功者倾向于改变，普通人则更喜欢稳定。

“以史为鉴，可以知兴替”，时间的浪潮永远不会停息。为此，我们要开放视野、打开心扉，要多培养创新意识，不能满足于现有的思想、观点或方法，要通过多思、多想、多问、多看来推陈出新，在看待任何事物时都怀着“换个角度去看会怎么样？”“这件事情的由来是怎样的？是否有更好的发展？”等等类似的疑惑，不断积极探索、学习，找到更好的途径，从而打破思维上的限制，最终迎接成功的来临。

找准自己的位置，不要站错舞台

我很喜欢看“千手观音”那个舞蹈，简直是美轮美奂，妙不可言。舞蹈的成功得益于舞者们的辛勤排练，更不可缺少的是那个老师的指引。在偌大的舞台上，这些残疾表演者们创造了一个美的童话。有时我就想，如果那个老师不在场，他们是不是还能表演到位?

这样想有些很恐怖。然而人生如同舞台，每个人都扮演着不同的角色，站在不同的位置上。往往自己喜欢的，能够为自己的长远发展提供基础的位置，就是一个好的位置。

幸运者总是少之又少。很多人做着不适合自己的工作。喜欢体育的去做了画画的工作，喜欢音乐的成了护士，喜欢写作的却在搞音乐……这种现象在我们身边随处可见。人们往往不知道自己最擅长的是什么，在稀里糊涂里浪费着光阴。

我认识一个女人，20 世纪 90 年代她参加高考却不幸落榜，后来做了代课老师。可当时她是一个非常羞涩的女孩，面对那么多学生，显得手足无措。被学生们哄笑，完不成讲课任务，她感到自己无用极了，被辞退后，回家就扑到妈妈怀里大哭起来。母亲鼓励她："也许这个真的不适合你，但总有适合你的，别灰心。"

她做了很多工作，推销员、售货员、服务员、纺织工……令她垂头丧气的是，这些工作不是她不想做，结果无一例外，每次她都被老板辞退。妈妈却还在鼓励她："没什么了不起的，大不了再找一个工作。"试着试着她就到了 30 岁，成为一位聋哑学校的老师，结果她一下子找到了生命的激情。后来，她积累了一定的工作经验，就自己开办了一家残疾人学校。再后来，她在许多城市都开办了残障人用品连锁店。这时候的她，已经是一名身价千万的老板了。

无疑，她的妈妈是一位智者，给了她勇气，让她的人生开始重新绽放。正是这种信赖和支持，才让她有信心把自己这颗种子一次又一次地埋下。虽然等待她的不都是春天，也经历了苦雨，但最终得以发芽，并开花结果。

著名演员蒋雯丽能走向成功，也和她所选择的人生之路有密切的关联。她幼年的时候，活泼开朗，性格外向，非常喜欢体操和舞蹈，但是体质太弱，业余时间在市体操队苦练了五年，最后也没有能够转为正式的体操队员。后来，她在自来水厂当了一名工人。1988 年她经过再三考虑，发现自己最喜欢的是表演。她鼓足勇气，认真准备，考入了北京电影学院表演系，最后终于成为耀眼的明星。

人生也许总有些角色错位的失落，但德国哲学家尼采说过："如果你选准了自己的位置，你的人生就有了一个充满希望的起点。"现代生活的多样性，为正确选择自己的人生坐标提供了无限可能。虽然一颗种子落在岩石的罅隙里也会发芽，但如果有一阵风，能把它吹到肥沃的泥土里，又何乐而不为呢？像古罗马诗人奥维德所说的那样，认识自己，找准自己的位置，那么我们就为自己的人生辉煌做好了准备。

伟大的目标才能成就伟大的人

《管子》中有这样一句名言："执一不失，能君万物"，意思是人只要认准一个目标并坚持做下去，就能够驾驭一切。看似辛苦，其实是一条成功的捷径。

美国作家罗伯特·柯里尔在自己的著作《秘密》一书中，极其详细地阐述了一个"吸引力法则"的概念。所谓"吸引力法则"，就是指当人的思想集中在某一领域的时候，与这个领域相关的人、事、物就会被它吸引而来。

罗伯特·柯里尔用名人们富有传奇色彩的人生过程，证实了"吸引力法则"使人心想事成的秘密：找到一个明确的目标是成功的首要条件。

埃莉诺·罗斯福，前美国第一夫人，美国总统富兰克林·罗斯福的妻子。她是20世纪时著名的反贫困反压迫人权斗士，是罗斯福总统"新政"的幕后设计师。罗斯福总统在她的辅佐下，推行了一系列改革措施，大大推动了美国社会福利和人权状况的改善。埃莉诺被评为"世界最具影响力的女性”之一。

埃莉诺刚踏入社会的时候，有过一段平凡但重要的经历。

那个时候，年轻的埃莉诺刚从本宁顿学院毕业，她想在电信行业找一份工作，以便尽快过上独立的生活。于是，在父亲的引荐下，她去了美国无线电公司面试，见到了被誉为“美国无线电广播之父”的董事长萨尔洛夫将军。

萨尔洛夫将军问埃莉诺：“你想要一份什么样的工作？你的人生目标是什么？”

埃莉诺想了想，回答说：“我也不知道自己能干点什么，请随便给我安排一个职位吧！”

将军的神情开始变得严肃，语重心长地说：“世界上没有叫‘随便’的工作，如果你自己都不知道想干什么，绝不可能做出什么成绩来。”

萨尔洛夫这句话，给了生性要强的埃莉诺当头一棒。她犹如醍醐灌顶，开始定位人生，成为一位不断追逐人生目标的伟人。

所以，树立人生目标是人成功的第一步。文学家韩愈说过，“行成于思，毁于随”。彭端淑的《为学》，也有“天下事有难易乎？为之，则难者亦易矣；不为，则易者亦难矣”的说法。里面讲述的“穷和尚与富和尚去南海”的故事则又告诉我们另一个道理：有了目标，还必须付出努力，才能到达胜利的彼岸。

我有一位女性朋友，毕业后进入了一家非常有名的审计公司。熬过了一段常人难以忍受的培训期后，她接手的第一个项目就出了大纰漏。她的上司给了她错误的原始数据，导致最后的数据出现了严重错误，客户不满，发来了措辞严厉的投诉，甚至连她公司的董事长都惊动了。在整个公司员工都出席的会议上，她被批得狗血淋头，但那位罪魁祸首——她的上司静静地坐在一边，一言不发。被骂之后，她在洗手间里哭了很长时间，出来之后就夜以继日地加班一周，终于把客户的资料做完了。

由于这段“黑历史”，她在公司度过了很困难的一段时间——做打杂的小妹，负责去取外卖和咖啡，穿尽了小鞋。我认识她很多年，深知她为人脾气暴躁。可令我吃惊的是，她丝毫没有透露出大闹公司然后拍拍屁股走人的意思。

那次，我因故去了她公司附近，顺便请她喝咖啡，说起了这事。

“我怎么没想过？”她几乎是喊着说，“我无数次想过把我上司的原始邮件转发给所有的老板。想过大骂那些怀疑我的人，然后辞职。但我不能，如果我在这一刻离开，我将不得不终身背负逃兵的名声。我不希望人们认为我是那种不能经受风雨的弱苗，既然出来工作，我就是一个士兵。”她深深地看了我一眼，边喝咖啡边咬牙切齿，然后上楼工作去了。

从此我对她刮目相看。她的忍辱负重，最终得到了回报。领导看她默默无闻地送了很久咖啡，终于给她一个项目。这之后，她慢慢赢得了一个又一个项目，从一个“小菜鸟”慢慢变成了一个合格的“财务工作者”。第二年，她在朋友圈转发了一张她拿着一个优秀员工奖杯的照片，眼神明丽，笑靥如花。

再后来，坑她的那位上司因为家庭原因辞职，不知是出于感激还是内疚，临走前极力推荐她接替他的职务。现在，似乎没有人记得那次失误，也没人记得她曾经是个端茶倒水的打杂小妹，公司里的同仁们看她的眼神中充满羡慕和欣赏。如果，当年我的这位朋友大闹一番然后辞职离去，她不可能体会到今天这样的滋味吧。

伟大的目标方可成就伟大的人，继续的努力才能实现伟大的目标。成功路途遥远而波折，找准目标并坚持下去，方能守到“云开日出”。

每个时代，都悄悄犒赏会学习的人

我有一位朋友，她当初刚生完儿子一年就出国打工了，回来后老公早已易主。她痛苦不堪，家庭破碎，又无工作，怎么生活?

幸而打工的钱在财产分割后余下了一些，她支撑了一段时间。因为是去日本打工，所以她学会了一些简单的日语。她觉得从日语上可以找到出路，所以就决定逼着自己继续学日语，报了学习班。因为比较聪颖也比较刻苦，她的日语水平进步很快。平时在家里，她听的广播新闻是日语的，看杂志也逼着自己去看日语版。那段时间，她简直疯了一般。

“都是生活逼的啊。”后来她对我说。离婚后她要了儿子，得支付两个人的开销，所以背水一战。如今她是一家国际公司的日语老师，现在的她知性、优雅、大方，她的微笑已经波澜不惊，风轻云淡。虽然月工资只有几千，但是稳定，还满足了她对文学一直以来的热爱。

尽管如此，她还是充满了危机感，一直没中断日语的学习，因为她知道，现代社会充满了不确定性，随时都会有人向她提出挑战。

2015年7月，马云发表了一封公开信，表达了对青年人的看法和要求。他要青年人做好自己的职业规划，确立自己的奋斗目标，要制订五年计划、一年计划、下个月计划、下周计划、明天计划……马云说："不论是在大公司还是小公司，重要的是要长真本事。"

一个人只有认真地提升自己，才有可能为自己找到更好的位置。如我的朋友那样，王琳的故事也很好地诠释了这一点。

王琳外语专业毕业，后来进了一家外贸公司，也算是专业对口。由于王琳学的是英语，在外贸公司她如鱼得水，生活得很安逸。但是她不明白的是，为什么过了一年多，她还只是个小小的业务员？

偶然有一次，王琳看到自己主管的办公室里放着一本关于外贸知识的书籍，她恍然大悟，终于明白了自己没有升职的原因。虽然自己的英语很好，有很大的优势，但是对外贸知识并不熟悉，一个半路出家的人怎么可能领导内行人呢？于是王琳下决心恶补外贸方面的知识。她报名参加了一个培训班。经过一年的学习，王琳取得了结业证书，并且考取了相关的证书。在这一年的时间里，她在单位里经常向别人请教外贸知识。充电后的王琳在工作上越来越得心应手，俨然成了众多业务员中的佼佼者，大家有问题的时候纷纷向她请教。随着外贸知识的掌握，加上英语方面的优势，王琳业绩提升，后来成为部门副总。

像王琳这样的人可能不少，但不如王琳的人更多。

现代市场经济，失业的信号频频出现。如果一个人的能力无法跟随时代发展而进步，那么很快将成为下一个被淘汰者。因为公司需要的是能给公司带来新鲜血液的创造者，而不是那些“故步自封”的无价值者。

为了顺应时代发展，我们必须以不变应万变。不变的是，我们应该一直保持积极向上的学习姿态，必须掌握更多的知识和能力。所以，每个人都要保持警醒，顺境时不忘继续学习，逆境时更要奋发努力，时时给自己充电。李开复曾经说过这样一句话：“你应该找一个公司，它没有压榨你的劳动力，没希望你马上为它赚钱，而是会给你足够的培训、学习、成长的空间。”只有自己有了足够的“养分”，才可能为自己创造一个更美好的未来。

每个人都要发起对自己的挑战，只有这样，当挑战真正来临时，才能谈笑风生，坦然应对。

做喜欢的事，对诱惑说不

这个世上，总有很多光怪陆离、令人眼花缭乱的东西。马云曾把人生中的诱惑比作“十只兔子”，并说自己只能捉一只兔子。这个比喻很有意思。兔子会跑，诱惑也是一样，你捉一捉，它就跑得远一点。你若捉住一只，就还想捉住其他只。有句古话说得很好：“人心不足蛇吞象”。

曾读过这样一个故事：

印度人捉猴子的时候，会把一些好吃的坚果放到一个小盒子中，然后在盒子上留一个小口，小口只能容猴子放进去一只前爪。猴子看到美食，惊喜不已，握着坚果就不撒手。其实猴子若把坚果扔掉就能自保，但百分之九十的猴子都贪心想要那坚果，明知有危险，还是前仆后继地送上门去。捕猴子的人自然不会空手而归。

人自然和猴子不同，人有理性思维。但是很多时候，在诱惑面前，人们往往会失去判断能力。有人抵抗不了毒品的诱惑，以身试毒，结果声名狼藉；有人抵制不了钱财的诱惑，贪赃枉法，毁了一生。此等例子，不胜枚举。

马云说：“人要在诱惑面前学会说‘No’，贪婪一定会付出代价。”马云如今叱咤风云，当初也面临过三次巨大的诱惑。毕业的时候，他拒绝了外企的录用；创业的时候，他拒绝了校长的挽留；在金钱面前，他同样拒绝了很多诱惑。正因为马云的理智拒绝，才成就了他现在的辉煌人生。

成功，是从拒绝诱惑开始的。学会对诱惑说不，是一种睿智的境界，一种理性的选择。

百度 CEO 李彦宏可谓睿智。1999 年李彦宏在北京创办了百度公司，互联网时代让他的事业如虎添翼。他说过“这个时代是一个互联网时代，给做企业提供了很多机会。”但他很快又意识到，机会多未必是好事，一个人一定要对不属于自己的机会说 No。他不仅开始自我思考，而且还征询员工的意见。在谈到公司的发展时，李彦宏说了自己的想法：“现在的机会太多了，但我们不可能全部都做。我一定得决定应该放弃哪些机会，而去做一些自己真正擅长并且喜欢的事情。”他始终坚定地做自己的事，所以百度规避了风险，并且越做越大。

王石经常说的话就是，市场是公平的，企业从暴利中获得的利润，最终都将会交回市场。有时，王石对暴利的拒绝到了严苛的地步。

有一次王石接到手下的电话，得知一块刚买的500亩地被别人看中，愿意每亩加价3万元购买。对这从天而降的1500万元，王石却不假思索地放弃了，把地块原价转让。因为他觉得，如果这种坐收渔利的行为泛滥，会导致员工为了利益而放松对工作质量的要求，这在他看来是得不偿失的事情。事实证明他的想法是对的。他在书中也写过，万科在20年的发展中，坚守了自己的价值观，守住了职业底线。万科能健康地发展，正是由于拒绝了暴利的诱惑。

美国相关组织的一项长期调查显示，单纯为了赚钱而存在的企业大多无法生存超过5年，能够经营10年或更长时间的企业寥寥无几。同样，那些只看重薪资的人，未来的发展空间也是狭小的。

所以，即使是我们得到了一个不错的工作机会，收入丰厚，但若看不到前景，我们也要果断地拒绝，急功近利的心态不要有，那无益于我们的发展。我们只有忠于自己的内心，才能找到最适合自己职业发展的轨道，而不是时时以金钱为衡量的标准。

持续的快乐源于辛勤的工作

我们经常会发现这样的场景：一个孩子赶着羊群快乐地唱着歌，一个农夫挥汗如雨地收割稻子却心怀喜悦，一个教师掩上厚厚的一摞作文本捶着腰却微笑着……他们的快乐溢于言表，让人深受感染。他们快乐是因为他们感受到了自我的价值。

一个一身名牌却天天用酒精麻醉自己的人不会快乐。因为失去了对工作和生活的热情，人生产生了虚无才会如此。

人们对工作的自豪感往往来源于对工作本身的兴趣，来自于从工作中体会到的快乐。对工作充满激情的人，才会对生活产生热爱，产生精神上的满足。

有这样一幅有趣的画，画中描绘的是几个正在修道院厨房忙碌的人，有人在架水壶烧水，有人正在提起水桶，有人正穿着厨衣，伸手去拿盘子。这些人都不是普通的人，而是天使。

这幅画就是要告诉我们，工作和生活中的每一件事情，无论大小，都值得我们认真地去做。

巴菲特曾经说：“我和你没有什么差别。如果你一定要我找一个差别，那可能就是我每天有机会做我最爱的工作。如果你要我给你忠告，这就是我能给你的最好的忠告了。”

如同世界上有的地方是丘陵，有的地方是平原一样，工作也会以各种各样的形式呈现。不管从事什么职业，都没有贵贱之分。一个大堂经理和一个端盘子的小服务员是一样的，都在为一份职业尽心努力着。他们只是工作性质不一样而已。

抛开理解上的误区，我们就能理解那句老话“三百六十行，行行出状元”了。无论从事什么工作，只要肯用心，肯吃苦，都会做出一番成绩。

有些人对自己的工作麻木不仁，只拿出百分之四五十甚至更少的精力去应付，不主动，不努力，即使是遇到了难题，也不主动想办法去克服。他们得过且过，日子过得散漫，结果就是他们把工作搞得一团糟，甚至会失去这份工作。只有全身心投入到工作中的人，才能得到别人的尊敬，也才能找到自己存在的价值所在。

要想在工作中找到快乐，除了热爱，还得合理安排时间，高效地工作。

我认识一个女孩，她刚开始工作时，懵懵懂懂，谈不上热爱不热爱。

她的工作就是办公室秘书，复印啊，下发文件啊，跑跑腿之类。别人都羡慕她在政府部门上班，她却有些苦恼，就这样混日子吗？何况有些工作并不需要花费太多时间。慢慢地，领导似乎看出了她的苦恼，得知她是汉语言专业本科毕业的，就开始让她写一些材料。她用心去写了，领导很满意，嗯，这女孩有才华。由于她的绘画功底也比较好，单位的黑板报宣传任务也交给了她，她完成得有声有色。领导提拔她做了宣传干事。再后来，她虽然结了婚，但是依然刻苦学习，考取了研究生。随着业务能力的提高，她担任了办公室主任。

如果她随遇而安，满足于办公室秘书一职，也许她根本走不到今天。庆幸的是，她一直在快乐而努力地工作着，没有用抱怨让自己消沉，而是让领导发现了她的闪光之处。

每一个人的成功都不是偶然的，而是长期沉淀的结果。所以，每一件小事都有其十分重要的意义，每一件小事的完成都是为了铸就一件大事。如果我们一味地用他人片面的眼光来看待自己的工作，来对待工作中的每一件小事，那么只会失去做好每一件工作的兴趣，让每一件事情看起来都毫无吸引力或价值可言。

高尔基曾经说过，“当你把工作当成一种乐趣时，生活就是一种享受；当你把工作当成一种义务时，生活则是一种苦役。”

大家还记得那个故事吧？说有个建筑工辛劳了一辈子，为老板造了无数精美的房子。在他准备辞职时，老板说，这样吧，你帮我造完最后一栋房子再走。他想反正就要与这一行没关系了，这栋房子就无所谓好坏了。结果建造过程中，他以次充好，偷工减料。很快，房子造好了。老板把房子钥匙递给了他：“你为我辛苦了半辈子，这房子就算我送你的。”这个建筑工悔不当初。

在他以前工作时，保持着一贯的热爱，所以被老板看重。当他造最后一栋房子时，只是在敷衍，没想到自食其果。这也提醒了我们，对工作的热情不能只有“三分钟热度”，要持之以恒才行。要时刻提醒自己，每件事情都值得我们去做好，要有责任感。

对工作真正热爱才能产生工作的价值。我们每个人都不要心猿意马，要对工作有所承担，这样才能产生自豪感，才能让我们对生活更加热爱。

从看似无趣的事情当中，获得最大的收益

我相信很多人都有过这样的经历，在上学期间，一到寒暑假就有做读书笔记的任务，特别是摘抄的部分，似乎无趣又麻烦，很多人都敷衍了事。

我认识一个女孩，刚开始时她也觉得这是一种负担，但是时间长了，她把这当成了乐趣。她开始认真抄写，并在本子的扉页上和中间的空白处画上好看的卡通画。她的摘抄本很快被同学们传看，也受到老师们的赞许。久而久之，她竟喜欢上了做摘抄，还发现自己爱上了绘画。有时，她甚至能根据文字的内容来做相应的主题绘画。这个爱好一直持续到高中，在填报高考志愿时，她填报了师范学院。现在她是一名美术老师，业余还出版了自己的漫画集。

所以，尤其是迫不得已要去做一件看似无趣的事情时，我们需要调整好自己的心态。有时换一个角度去看，就会有不同的发现。

当年，快大学毕业的时候，班主任给我们讲了她女儿的故事。

她女儿叫刘苏，毕业于一所名牌大学，学的是经济，毕业后进入了当

地一家著名的大型企业。刚进公司那会儿，她是部门经理的助手，做的都是一些琐碎的工作，比如贴发票，为会议做一些准备工作。

她有些年轻气盛，自觉才能被埋没了，就向母亲大吐苦水。我的老师告诉她："欲速而不达。"还讲了自己当年的经历。当年大学数学专业毕业的她，被分配到市里一所初中，那所中学的条件非常不好，而且学生的水平也参差不齐。她很苦恼，觉得看不到前途。但是她用心钻研教学业务，和孩子们用心沟通，很快学生的成绩得到了明显提高。慢慢地，她优秀的教学能力被领导发现，她又继续学习，考取了研究生。在教学的第八年，她被调到了教委，成为招生办的主任。

面对女儿的情绪，老师问女儿是如何对待"贴发票"这件事情的。如果只是把它当作一种重复工作，那么当然毫无意义。如果能做一个表格，将报销的数据按照时间、数额、消费场所、联系人、电话等记录下来，就能获得很多公司的运营信息。这样以后就能了解领导做事的意图，能更快更准地解决好问题。刘苏接受了母亲的建议。

再"贴发票"的时候，刘苏是快乐的。每次领导给刘苏布置其他任务的时候，她也会处理得非常妥帖。领导对其大加赞赏，夸刘苏是他用过的最好的助理。

当然，刘苏的志向不在此，她得到了提升之后，又工作了一段时间就辞职了。她创办了自己的公司，从小处一步一步做起，现在经营得还不错。

当我们迫不得已要去做一件看似“无趣”的事情时，不妨尝试去挖掘无趣之事背后的重要意义。就像刘苏那样，不妨把这件事情当成是锻炼自身能力的契机，让自己在能力上得到提升。

当然，如果这种无趣的工作，若真的给人提供不了发展的空间，最好及早终止。无趣通常激不起人们的工作激情。若在此消耗太多的时间，只会促使一个人在心态上过早地衰老。

想把无趣变得有趣，其实只差一个有趣的灵魂。让自己变得幽默，让自己变得智慧，让自己变得与他人和谐，让自己变得可爱……

居里夫人说过：“我以为人们在每一个时期都可以过有趣而且有用的生活。我们应该不虚度一生，应该能够说，‘我已经做了我能做的事’，人们只能要求我们如此，而且只有这样我们才能有一点欢乐。”

虽然生活中不只有玫瑰与巧克力，也有很多不尽如人意之处，但当我们忍辱负重的时候，我们仍可以用云淡风轻的笑容化解面对的压力。人生的磨难很多，惧怕是解决不了问题的。当我们拥有一颗足够强大的心，能勇敢地去笑对的时候，也许，我们的明天就有了一份完美的答卷。

不要太在意自己的背景，白手起家也能成功

这个社会给了一些不甘人后的人不少机遇，虽然有许多愤青还在喋喋不休，抱怨自己不是“富二代”，不是“官二代”，抱怨没有生在富庶之家，没有社会关系为自己创造一个更好的前途……

其实这些人无非是在为自己的不作为开脱。“天地不仁，以万物为刍狗。”这句话出自《道德经》，意思是说，天地并不对谁格外施仁恩，不对谁特别好，也不对谁特别坏，让一切自然发展。我们每个人生来的条件都是平等的，只是外部条件各显优势不同，但最终决定命运的只有自己。

自然，生来有个有本事的爸爸，会少受很多苦。但自古又有“富不过三代”一说。“含着金汤匙出生的人”，如果自己不努力，也会遭遇挫折。《红楼梦》中的四大家族，可谓显赫一时。即使曾经“白玉为堂金作马”，也难逃大厦将倾的命运，让人慨叹。

只有自己努力了，才可能让自己闪闪发光。

《中国诗词大会》和《朗读者》让董卿又一次成为大众关注的焦点。

卸下春晚著名主持人的光环之后，她用知性、优雅、睿智，让自己又一次闪亮登场。

我看到过关于她的报道，当春晚结束之时，万家灯火，她却不能与家人团圆，只能孤独地吃上一碗速冻水饺。这么多年，人们只看到了她身上的光环，却不知她背后的辛勤付出。

央视“名嘴”白岩松说过，“没有一代人的青春是容易的，每代人都有自己的宿命、挣扎和奋斗。”当年，他自己独自到北京闯荡，不认识任何人，也没有任何关系。全凭自己的一路拼搏，才为自己赢得了今天的成绩。他的例子也告诉了我们这些没钱没势的人们，没有优越的出身不算什么，只要不失去梦想，不失去对成功的信心，就有希望在。

如果你还在感叹房子太贵，买不起；爱情价太高，爱不起；创业路太长，赌不起……那么你就将继续过着这样的生活。生活中不能只有慨叹，更要有挑战命运的实际行动。

生活从来没有那么容易，但生活也不会放弃那些拼命坚持的人。

这些事例告诉我们，世上根本不存在生来就有的坦途大道，机会是自己发现的，财富是自己积累的，而成功是自己创造的。

还以《大江大河》里的杨巡为例，当初他挨着村去用馒头换鸡蛋，然后把鸡蛋集中起来去卖，获得差价。这种意识最初的萌芽，是源于他对穷困生活的认识，他知道只有靠自己的努力才能改变家里的处境。虽然没有多少文化，也没有什么资本，但是他把自己推上了经商之路，并且一路坎坎坷坷地走了下去。他为自己的人生转变做出了努力。在历史的大潮中，他的个体经济得到了发展，他抓住了商机。虽然中途他生意遭受失败，女友还为此跑掉，但他从绝境中再一次奋起，用自己的汗水和真诚，赢得了别人的掌声。

成功从来都不是一蹴而就的，但是每个成功者都有一颗强大的心，不为外物所左右，能不屈不挠地向着自己的既定目标迈进。所以，我们永远不要慨叹自身的不完美，家境的不合心意，想改变，只能依靠自己。甩掉“生来不公”的包袱，专注自己，培养自己的本事，才能立足世间。

一个有大格局的人，一定是勇于承担责任的，不计较眼前得失，专注于长远目标。想翱翔，就得锻炼自己的翅膀。只有这样，当风来临时，才能在空中展翅翱翔。

除了咬牙死磕，想想是否还有更好的选择?

她叫薇，从老家跑到滨城，待了一年就去北京发展了。

我佩服她的勇气，但是有些担心她的处境。后来，我通过她的诉说，了解了她当初的处境。没有亲戚投靠，没有熟人帮忙，人生地不熟，有一次为了找工作，她坐上了方向相反的车，坐到了傍晚也没到达目的地，她才着慌。

“感觉自己就像个小丑一样，幸亏在这个城市没有谁看我的笑话。”她后来对我说。其实那时她妈妈刚刚得了脑血栓，需要人伺候，她的妹妹还在上小学，家里只靠她爸爸的一点微薄收入生活。

“我若回去就彻底完了，那边经济很落后，我怎么也改变不了家里的处境。”因为她很清楚自己需要的是什么，所以不顾一切地跑到了北京。

她为了省钱住在偏僻的出租屋，每天要搭地铁上班，仅仅花在路上的时间就很长。她是做教辅工作的，刚开始经验不足，工作非常辛苦。每天回到出租屋常常是接近半夜了。

一年，她坚持下来了，两年，她依然在坚持，三年、四年过去了，她早已不是当初那个傻乎乎坐错车的女孩了，眼神里多了沉稳，有了更多的自信。现在她已经是一所分校的校长，带领着一帮年轻人一起创业，有时看到他们外出游玩的照片，我对着她的笑容会发呆很久。她用自己的辛苦赢得了可观的收入，帮助家庭摆脱了困境。现在的她笑靥如花，早已没有了初来大城市时的窘迫与不安。

“姐，其实我也想过放弃，当我生病身边一个人也没有的时候，特别想家，想到哭。好在总算挺过来了。”后来她说。

一个“挺”字，道尽了所有的辛酸。我理解她的心境。生活中，哪个人不是在死磕着呢?

我有个写公众号的女友，她文采斐然，在生了二胎之后，办了个人公众号。有时看她的文章真的感到她的确文笔不俗，而且很有深度。粉丝们也很喜欢她，每篇文章下面都有很多真心的留言。可是她却彷徨了。

“我不知道自己是不是应该停止写下去了，只觉得每天都好心累。”虽然公众号不以营利为目的，但她却认为粉丝少是因为自己做得不够好。

“你是带孩子和工作太累了，打理公众号需要精力哦，要不就先停了。”我劝她。

她笑笑："其实你不知道，办公众号让我认识了很多志同道合的朋友。虽然现在没有获得名利，但我获得了拓展自己的很多资源。"

"那就坚持做呗。困难只是暂时的。"

她的文笔以清新而犀利著称，得到了很多人的赞赏。后来有相熟的作家找她，介绍她去一家杂志任主编。慢慢地，随着孩子长大，她的更多精力集中到了文字上，她的公众号越来越火。

如果放弃了当初的那份热爱，如果不是死撑着，我相信她还是老样子，朝九晚五，相夫教子，生活简单到一茶一饭，毫无波澜。可是她用自己的努力让自己获得了蜕变。

世界上的事情有两种，一种是值得坚持的，一种是值得放弃的。当我们扪心自问，知道了前进的方向在哪里，就会进行正确的取舍。放弃那些无意义的坚持，跟着自己的需要走下去。

值得坚持下去的事情只有两种：一种带给你名利，带给你基本的物质满足；另一种带给你喜悦，实现另一个维度的自我。一个人的人生格局只有变得深远，人生才能被更广阔地打开。

王冕曾写过一首《墨梅》，诗云："我家洗砚池头树，朵朵花开淡墨痕。不要人夸好颜色，只留清气满乾坤。"

想当初，王冕是个可怜的放牛娃，连画画都买不起纸笔，只能用树枝草棍在地上涂抹。当然，他是由衷地热爱画画，对大自然充满了欣赏之情，并没有因为自身的卑微和家境的贫寒而感到自卑。他知道自己只有通过努力才能改变处境。

为了读书，他不怕寺庙里的泥塑面目狰狞，而是手执长卷，就着长明灯苦读。他的求学精神感动了安阳的韩性，收他为学生，他因而也成为博学多才的儒生，后来成为诗书画大家。

虽然王冕的一生都在贫寒中度过，但是他不改节操，一生不改对诗书画的热爱，终于留名千古。他的“死磕”成全了他精神上的完满。

“不能轻易认输”，当你面对既定目标的时候，一定要作如是观。当你取舍之后，要动用洪荒之力来坚持。有时，也要停下来想一想，除了咬牙死磕之外，你是否还有更好的选择？人生漫长，我们爱拼也需要赢，对于所有的坚持，我们都需要掌声鼓励，即使跌倒了，也有带笑的泪，而不是对着梦想一味慨叹。

Chapter 4

专注力

唯有简单笃定，

心存一个目标，方能不乱于心

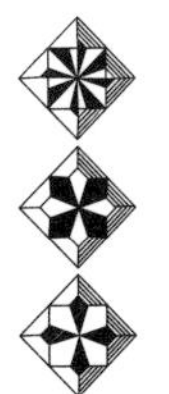

一切皆有可能

每个人的身体中或许都蕴藏着一份连自己都不知晓的潜能，它存在于我们的内心深处，像一个等待着在适当的时机被我们唤醒的巨人一般。假如有人说，你可以轻而易举地掌握三十门外语，熟记一本厚厚的百科全书，或轻易地考取八个学士学位。你可能不相信吧?

然而，我可以很坚定地告诉你：是的，其实你可以做到。

美国心理学之父威廉·詹姆斯说："一般的人类只开发了自身潜能的百分之十不到，现在我们发挥出的潜能不过是其中一小部分。跟人体沉睡着的巨大潜能相比，只是九牛一毛。"

科学家们研究发现，人类的大脑具有强大的贮存能力。人类只要发挥出大脑一半的潜能，那么上文提到的目标就能轻易实现。如果能最大限度地把身体中的潜能发挥出来，那这个人将大有可为，甚至会创造奇迹。

以上的这些研究都不仅只是理论。在现实生活里，很多的例子都能够证明我们的猜想。

梅尔龙是一位坐了 12 年轮椅的美国残疾人。在 19 岁参加越南战争的时候，被流弹击中，导致下肢瘫痪。经过多年治疗，依然没能站起来。

在刚开始瘫痪的时候，他显然无法接受这个事实，每天借酒消愁，自甘堕落。这样的生活在 12 年后的某一个晚上结束了。他从酒馆出来准备往家走的时候，突然冲出来三个劫匪想要洗劫他。作为一名退伍军人，他拼死保护自己的尊严和钱包。劫匪恼羞成怒，一把火点燃了他的轮椅。千钧一发之际，他似乎忘了自己是残疾人这个事实，风一般地跳起来逃跑。跑出一整条街之后，他才回过神来，自己竟然站起来，且狂奔了一整条街。

事后，梅尔龙这样回忆道："当时，我根本不知道发生了什么，只看到轮椅被点燃了，若不马上离开的话，一定会被烧死。于是我不顾一切地跑到了另外一条街道上，等回过神来，发现我竟然能够走动了！"

梅尔龙的求生潜能在危急关头被激发出来，他的潜意识要求他必须要站起来，以躲避死亡，所以他奋力站起身来。之后的梅尔龙在另一个城市找到了一份新的工作。跟周围的所有人一样能走能跑，完全恢复了正常，过着同健康人一样的生活。

在人体内，存在着亿万个细胞，它们内部都蕴藏着巨大的力量。一旦唤醒这种力量，就能够创造出很多奇迹。当病人呼吸困难、生命垂危的时候，听到亲友或医生的一番恳切的安慰之语后，竟然能逐渐恢复过来。这样的事例在我们的生活中并不少见。

很多时候，疾病之所以会终结人的生命，首先是因为病人丧失了继续活下去的信心。

日本有两位年过古稀的老人。一位觉得自己大限将至，开始安排自己的后事；另一位却始终相信自己虽已衰老，但还远不到跟这个世界告别的时候，开始学习如何登山。之后的 25 年时间里，她每天都坚持锻炼和训练，从最初的小山爬到后来的富士山。在 95 岁那年，她成为登上富士山的最大年龄纪录保持者。而此时，第一位老人已逝世多年。

爱默生说："我最需要有人叫我去做力所能及的事情。"展现才能的最好途径，就是做好力所能及的事情。

每个人的身上都蕴含着巨大的潜能。只要能将每个人身体里的巨大潜能唤醒，它就会像原子反应一样爆发出来。若是能够发现并好好利用这些能量，定能创造属于你的奇迹。正如同某运动品牌的广告语说的：一切皆有可能。

改变自身，做适应环境的强者

每一个人都希望能早日实现自己的梦想，成为生活的掌控者。但是，那些不利的客观因素如附骨之疽一般萦绕在现实生活中。面对这些不利因素，不同的人会做出不同的选择：有的人会以愚公移山的精神勉励自己迎难而上，努力改变环境；有些人则意志消沉、知难而退。

知难而退是一种软弱的表现，我们应摒弃这样的生活态度。而愚公移山的精神也并非完全可取。人的精神和能力毕竟是有限的，如果呕心沥血地去改变环境，也有可能得不偿失，劳而无获。

人的主观意识不能支配客观环境，在短时间内也很难去改变它。面对这样的现实，我们既不能只做白日梦，也不能轻易地放弃所追求的人生。尝试着将自己的心态改变一下，改变对客观环境的认识态度，将被动的心态变为主动，并在主动适应环境的基础上，逐渐把自己的事业做得更好。

四十岁那年，美国著名的职业棒球明星威廉·怀拉，因身体原因不得不离开了他挚爱的棒球事业另谋出路。退役后，他本打算到保险公司做一名推销员。入行前，他信心十足，认为以自己的知名度，完全可胜任这份工作。然而，事实却不像威廉·怀拉想得那般简单，去应聘的他被保险公司拒绝了。保险公司的人这样跟他说：“怀拉先生，保险行业需要笑容可掬，但您做不到这点，很抱歉我们无法录用您。”

怀拉并没有因为这次拒绝而心灰意冷，相反，他下定决心开始苦练笑容。

此后，怀拉每天都在自家的客厅里练习朗声大笑，这使得周围的邻居一度对他产生了误解，以为他因退役大受刺激，精神变得不太正常。甚至有邻居们好心地跑来宽慰他。怀拉心存感激之余哭笑不得。为避免再次被邻居们误解，他跑到卫生间关起门来继续练习。

某天，他在路上遇到一个朋友，很自然地笑着打招呼。对方惊讶地对怀拉说：“怀拉先生，几天不见您的变化真是太大了，跟以前比起来简直判若两人！”听朋友这样说，他信心大增，再次去应聘保险推销员工作。

保险公司的面试官对他的笑容做出了高度的评价，但还是不满意，他说：“虽然您的笑声很爽朗，也很亲切，但并非发自内心，我们依然不能录用您。”

怀拉没有气馁，继续在家进行笑容练习。经过一段时间的努力，他终于被录取了，成为一名保险公司的业务员。

曾经的棒球明星怀拉，后来变成了美国最有名的保险推销员，年收入超过百万美元。他不可抗拒的笑容成就了其不凡的业绩。

众所周知，保险公司对从业者的要求是不可能改变的。若想成为一名保险公司的员工，就必须去适应公司的一些要求和规定。怀拉无法改变公司的规定，只能改变自身。经过一段时间的锻炼和努力，他终于达到了公司的职业需求，练就了一张和蔼可亲的笑脸，顺利进入到保险行业。他努力奋斗，积极进取，最终创造了巨额的财富。

对我们来说，客观环境定会有些不尽如人意的地方。既然存在，必然有它的合理性。这种合理性无法依靠个人的力量在短期内改变。面对客观环境中存在的不如意和不顺，与其费尽心力地去努力、去改变，不如积极主动地面对和适应它。

达尔文的观点最能说明人和环境之间的关系：物竞天择，适者生存。一个人应积极主动地去适应外边的环境。只有适应了外界环境，才能变被动为主动，与环境产生良好的互动关系，进而变不利为有利，从而更好地走向成功。

英国威斯敏斯特教堂的地下室中，有一块墓碑上雕刻着一段颇有哲理

的话。我们用这段话来作为本节的结尾:

在我年轻的时候，想象力没有任何局限，我梦想改变整个世界。

在我逐渐成熟之时，却发现这个世界无法改变，我将我的眼光放得短浅一点，那就只改变我的国家吧!

但我似乎也无法改变我的国家。

到了迟暮之年，我依然抱着最后一丝希望，我决定只改变一下我的家庭、我的亲人。唉，就连他们也根本不接受改变!

此刻，我临终之际突然意识到：假如我一开始只考虑改变我自己，那我或许可以改变我的家人。在他们的鼓励和激发下，我或许也能改变我的国家。

再接下来，谁知道呢，说不定我能改变整个世界。

温室只养弱苗，百炼方能成钢

若你知道自己的目的地在哪里，那全世界都会为你让路。只是这条路并非平坦笔直的大道，不仅要面对各种艰险阻碍，还有可能遭受他人的质疑、误解或者否定。在逆境中，有人选择了逆流而上，有人选择了沉沦放弃。选择了坚持自我的人，在逆境中锻炼了意志，不断成长。而那些选择沉沦放弃的人，可能会就此平庸下去，泯然众人。

2014 年 9 月 19 日阿里巴巴在纽约的证券交易所挂牌上市。备受瞩目的马云，凭借自己所持有的 8.8% 的阿里巴巴股份，以 218 亿美元的净资产成为中国新首富。

2014 年底，马云在杭州阿里巴巴总部接受了美国财经电视频道 CNBC 的专访，在采访中马云表示，自己近来一直不太开心，中国首富的头衔给他带来了些许“烦恼”。他说：“这个月，我其实并不开心，我想这是太多压力的缘故，我尝试着让自己变得开心。因为我知道，如果我不开心，我的同事就会不开心，我的股东们也不会开心，而且我的客户也不会开心。”

马云这番话信息量极大，我们猜测，阿里巴巴公开招募到创纪录的250亿美元，很可能带给他莫大的压力。“或许是因为股票涨得这么高，或许是因为别人对我的期望值太高，或许是我对未来的想法太多，或者是担忧的事情太多，”马云说，“我对首次公开招股的结果感到高兴，但是诚实地讲，当人们对你期望值过高时，你有责任平静下来，做你自己。”

马云还曾这样说过：“任何时候，承受压力对于我来说，都不算一件很困难的事情。”其实，最初创建阿里巴巴的时候，马云就曾遇到过各种各样的困难和压力。这些困难和压力并没有将马云击倒，反倒见证了马云的成功。

他创业最艰难的一年是在2011年。在三月份的时候，因为阿里巴巴的近百名员工涉嫌欺诈，马云挥泪“斩”了当时的公司CEO卫哲；从五月份支付宝股权转移风波，到十月份的“淘宝商城”暴动，都让他备受煎熬。马云曾在微博上写道“心碎了，真累了，真想放弃”。但是发完牢骚之后，第二天他又早早地出现在了会议室。

在一次聚餐活动中，有一位记者过来问马云：“从最近您微博上的话来看，小商户们围攻淘宝事件好像伤了您的心？”

马云最初并没有做出回应，但是面对记者锲而不舍的追问，他才淡淡地回答道：“你是一个很容易去原谅别人的人吗？”说完一笑，马云又说，“一个人没有气量，是做不成大事的。”

马云曾在自己的手上写下五个“忍”字，用来提醒自己。他说：“我十年前其实就在忍了，那时候很多人觉得互联网企业就是骗子，而我对互联网又很有信心，我是为了未来而忍，为了诚信而忍。我需要预防五年后遇到的问题。以前，企业要发展需要抓住机会，现在的企业要发展，必须有解决社会问题的能力，能对社会做出一定贡献。”

想要做成一番事业，必须要能承受来自社会的质疑。不向质疑低头，打消掉心中的疑虑，将他人的质疑变成自己前进的动力，努力坚持才能到达胜利的终点。只有不断地战胜自我，用不断的成功来回击那些质疑自己的人，才能真正成为一个成功者，才能得到社会的认可和尊重。

1975 年，美国马萨诸塞州的哈佛大学里，一位白净羞涩的男同学递交了一份退学申请书。他想去完成一个大胆的构想，但是需要摆脱乏味的课堂。他这个决定遭受了很多人的质疑。哈佛属于世界顶尖名校，拥有一张哈佛毕业证书将毫无疑问地为自己今后的人生展开一条金光大道。凭着这张文凭，找一只金饭碗易如反掌。选择从哈佛退学，令很多人觉得疯狂。他们断言，这个男同学将来一定会为这个决定感到痛心疾首。

面对旁人的好心劝告或恶意质疑，这个羞涩的男同学表现出了执拗的一面，他整天将自己关在车库，专心地研究自己的事业，没有回应任何的关注、质疑。经过潜心研究，他终于完成了自己的构想。这个构想一经问世，便引起了全世界的关注。这个羞涩的男同学从此名声大噪。

他就是微软公司的创始人——比尔·盖茨。在他的奋斗生涯中，面对了太多来自各方面的质疑，但他从未被这些“噪声”所影响。自哈佛大学退学的那一刻起，比尔·盖茨就下定决心按照自己的方式去努力，最终他成功了。

很多时候，之所以没能取得成功，是因为你没有坚持到最后一刻。有一个名词叫作“逆商”，指的是人类在逆境中面对挫折、摆脱困境的能力。企业家基本都是高逆商者，他们就像一个虔诚的攀登者，不停地在逆境中攀爬，不管遇到什么苦难，他们始终坚信，总有一些解决困难的方法。就算在攀爬的过程中遇到了死路，他们仍然怀揣着希望，努力重新寻找一条新的出路。

不要在该拼搏忙碌的时候去追求岁月静好

某次去看望一位腿部做了小手术的朋友，她因腿脚不便，请了长假在家休养。虽只休息了两个礼拜，但当她见到我的时候，仿佛见到了救星一般，将拿在手上的电脑推到了我的面前。

“赶快给我推荐一个日语学习的课程吧，贵一点也没关系，但最好要有时效性，课程学不完就直接作废的那种。”

“你跟钱有仇吗？”我打趣她。

“我跟钱没仇，只是想逼迫自己利用休息的时间做点什么事，”她十分失落地说，“休息了两周，闲得有点发霉了，就忍不住胡思乱想。前天居然想起，从住院到出院，老板和同事只是打了几个电话，一个人都没过来看我一眼。”

“你觉得他们这种做法很薄情吗？所以，你打算学点知识将来跳槽？”我循着她寡淡的语气猜下去。

“不是的，”她笑着说，“我不是受不了他们，而是受不了我自己。

没想到，当我闲下来的时候，居然也有了无事生非胡乱猜忌的毛病，我必须给自己找点事做，不然我会成为怨妇的。”她如实跟我说。

从每天焦头烂额的十几小时工作时间，突然变成清闲到可以睡到自然醒，本以为安静下来可以好好休息，但在这种突然闲下来的节奏里出现了一定的恐慌感。生活开始脱轨，无法像以前一样静下心来享受百忙之中忙里偷闲的那点读书时间。反而因为每天空闲时间太多，就忍不住地想浪费。

朋友聚会的时候聊起这件事，一位友人立刻心有戚戚，他说："年轻的时候过得太过清闲真不是好事。像我这样，本来三小时就可以完成的任务，非要用八小时去做。看上去很安逸，其实心累。因为大家都太闲，所以时间就拿来玩各种无事生非的办公室宫斗大戏。反倒是每年最繁忙的那一两个月，所有人都忙着工作，没有时间惹是生非，身体虽然很辛苦，但心情却很轻松。"

越清闲，就越不想做事。年轻时候的豪情壮志被慢慢消磨殆尽，竞争力日益下降，眼睁睁看着自己贬值。如今想跳槽，已力不从心，没地方可去。虽然觉得这样的工作没有挑战性，但也只能继续将就下去。

想要毁掉一个人看起来很难，但其实你只需每天让他闲着没事可做，时间一长，他就会毁在自己手里。

我们聊这个话题的时候，隔壁桌子上的几个人正在以更大的声音争辩着另一个话题。

一个女孩子说：“她有什么本事？虽然签了很多单子，还不是靠那张脸？！要不是爹妈给的底子好，凭什么她能月薪十万，我们什么都签不到！坐在办公室无所事事，真是无聊透顶！”

另一个女孩子则说：“其实她还是有一些真才实学的，你看她的幻灯片报告，老板都赞不绝口呢。”

“那可说不定。”开始说话的那个姑娘冷笑一声说道，“还不知道是不是跟老板有什么秘密关系呢，那副模样就是她最大的本钱了吧。”

在一边偷听的我们忍不住想笑出声，我问身边那个做销售的姑娘：“你刚上班的时候，遇到貌美肤白大长腿的同事，会不会也有这样的想法？”

她毫不犹豫地回答：“没有。每天太忙，上班时间都不够用，还需要加班才能做完，操心工作业绩都来不及，哪里来的时间去盯着别人。再说，我这人不敢让自己太过空闲，每个周末还要去英语培训班上课。”

有的人闲得无所事事，多出来的时间和精力无处安放，只好用来猜忌和揣测，以此打发漫长的时光。

年轻的时候如果长时间闲置，最初可能不过是几分寡淡、几分闲散和一些没边际的胡思乱想。接下来，就会将身边的人挨个赶走，把自己变得与世隔绝，不再认同别的生活方式，不认可比自己优秀的存在，逐渐失去活力与雄心，最终变成一个阴暗狭隘又苍白无趣的人。

我们经常会听到类似以下揣测：

“他是做新媒体的？不就是在路边上发小广告让大家扫码的吗？”

“去什么大城市啊，一个女孩子家那么大野心干吗，今后肯定嫁不出去。”

“Uber 我知道，不就是个兼职的司机嘛。”

人与人之间的差距，正是因为这些无聊的傲慢才不断拉大。

当你封闭自己的心灵，选择嫌弃和猜忌的时候，便没有了上进心，只剩开倒车了。

哈佛大学的一位老师，克里斯托弗 · 肯 · 吉莫教授在《不和自己对抗，你就会更强大》（The Mindful Path to Self-Compassion）一书中介绍了关于人脑功能的研究结果：

人类大脑里有一部分叫默认模式网络（Default Mode Network），

位置在头部中间部分，当人们专注做事时它陷入沉默状态，休息的时候才会特别活跃。它主要功能有三个：形成自我意识；反思过去，担忧未来；胡思乱想，自找麻烦。

简单点说，默认模式网络就是各种担忧。所以人一旦清闲下来，多半不会去想好事情。

人心往往是一种叠加态，你觉得自己是什么样的人，就会变成那种状态，你觉得别人会怎么看你，别人对你的态度和行为，会逐渐朝着那个你认为的方向发展。

莫要闲，莫要嫌。

在与世界碰撞接触之时，请抛却你的猜忌和偏见，倾听别人的声音，学习别人身上的优点，人生才能拥有更广阔的格局。

不要在应该去忙碌拼搏的年龄段追求波澜不惊、岁月静好的生活。努力学点知识，做点事业，才是让自己增值的正确途径。

莫要贪大求全，做精做透才是最重要的

我有一位朋友，开了一家手机店。卖了几天手机，突然又要上电脑器材。我建议他先把手机做大做稳，再去发展别的项目。但他不同意我的想法，紧接着又上了打印等项目，最终一个小店挤了三四个项目。

由于没有拳头业务，顾客们经常会混淆他的项目，而多点作战所面临的资金压力也开始变大，最终草草结束了业务。

毫无经验的创业者，在创业初期往往贪大贪多，这样的心态经常会连累创业以失败告终。因为贪心，他们无法认真地做某件事情，常常顾此失彼，竹篮打水一场空。

作为一个成功的创业者，马云这样告诫年轻人：“做事不要贪多，做精做透才是最重要的。”创业者需要认真地将一件事做透做精，才能从中受益，才有可能成功。做生意要“用情专一”，大部分的失败者就是因为不够专注才无法取得成功。

马云认为每个行业都有赔钱和赚钱的人。创业者的选择余地不多也是

一件好事。只要能够专注于做好自己的领域，事业总有做强做大的那天。

作为世界知名快餐店麦当劳，创始人克罗克当年从麦当劳兄弟手中买下了特许经营权，通过数十年如一日的专注经营，把麦当劳的店铺开遍了世界各地。其实，当年不是只有克罗克买下麦当劳的特许经营权，还有一位荷兰人也参与了竞购。只是，二人的经营理念截然不同：克罗克全身心地经营快餐店，心无旁骛。当时，养牛、加工牛肉等生意也有利可图，只是他不为所动，一心只做快餐店。那位荷兰人则被养牛和加工牛肉的巨额利润所吸引，所以将快餐店经营成“产销一条龙”的模式，一边养牛，一边加工牛肉，一边卖快餐。

经过一段时间的经营，专注于快餐生意的克罗克让麦当劳的店面遍布全球，而那个持“产销一条龙”模式的荷兰人，则被挤出了这个行业。

有很多创业者都有这样的通病：看到电商赚钱，就入驻淘宝；看到外贸盈利，就转行去做外贸；看到众筹有利可图，又转行去做众筹。假如你有强大的团队，充裕的资源，当然可以去尝试一下。但必须要有一个核心的业务，否则日常的运营模式就没有定位，而成了一个“跟风”团队。

李开复作为创新工场的创始人，在一次演讲中曾说：“我们这些做投资生意的，最喜欢给聪明的人投资，这再正常不过。聪明人有很多点子，脑子每天都在不停地转，洗澡睡觉都在想着公司下一步要如何发展，有什么新的产品和新的想法可以做。点子一多，到公司里跟下属确认一下可执行度，大家认可了就做。但这种聪明人也有很多缺点，有时点子多了就不够专注，容易混乱。我们曾经投资过一些公司，特别是刚刚起步的新公司，才三四十个人就同时开发三四个产品，最后一事无成。我认为，这种情况下，一定要全力以赴专注地做一个出来。当企业站稳了脚跟，有一定的资金基础了，再去决定是否做其他的业务。”

几年以前，一位刚走出大学校门的年轻人怀着满腔激情创办了一家广告公司。我们知道，前几年广告行业竞争十分激烈，用“白热化”都无法形容其激烈程度。

市场调研了一段时间后，这个年轻人沮丧地发现：就自己公司目前的实力，想要从那些操作简单、利润可观的电视、报纸、户外广告等项目中分一杯羹，难于登天。但他又发现，操作相对烦琐、利润相对较低的墙体广告，并不受各大广告公司的喜欢。如果把墙体广告这一领域做出专业化，或许能在广告公司大军中突出重围。

瞅准这条路子之后，这位年轻人开始潜心研究起墙体广告的制作工艺。从基本的墙体平整度、字的颜色到字体的选择等尽量做到精益求精。一年多的苦心经营之后，公司的墙体广告形成了自己独有的简洁醒目风格，以非同凡响的效果赢得了众多客户的认同，拥有了一批固定的客户资源。一些主攻农村市场产品的新客户纷纷找上门来寻求合作。

仅凭借墙体广告这一核心业务，他创办的广告公司已经在这座城市的广告产业里占有了一席之地。

这位年轻人之所以成功，可套用一款国产手机的广告语来概括：专注做好一件事！而按照经济学里常用的比喻是：把所有的鸡蛋都放进一个篮筐里，小心翼翼地照看、经营。一个人的精力是有限的，把精力分散在众多的领域里，并不明智。显然很多创业者都明白这个道理，但在实际创业过程中，还有很多人无法专注地做一项事情。他们定了太多的目标，总以为下一个项目会更赚钱，在频繁地挑肥拣瘦、改弦易辙的过程中，与成功机会擦肩而过。

对创业者来说，不论是创业的初期还是后期，专注的成本都是最低的。专注仅需要在原有的基础之上精益求精，而非更换产品从头再来。一个人假如不断地丢弃手头的“本行”而贸然踏入一些看似赚钱的新领域，很容易迷失在下一个目标里，最终只会一事无成。因此，专注地做一件事情，资源和精力才能实现效率的最大化，强项和专长都发挥得淋漓尽致，会有惊人的力量产生。

扬长避短，从强项上完成突破

马云可能是最喜欢演讲的企业家了。他在日常生活中非常关心教育问题，喜欢去学校跟学生做交流。有一次，他应斯坦福大学邀请去做一场演讲。这次演讲是针对在硅谷的华人留学生，马云希望这些留学生学成之后能够回国创业或者是加入阿里。当讲述到扬长避短这个主题的时候，马云说："不要跟乔丹打篮球，要跟他去下围棋……"下面的听众哄堂大笑。

这不是一句俏皮话，马云真的这么做过。阿里巴巴创业之初，考虑到中国国情的特殊性——信息流在电子商务中处于很重要的地位，而信用环境又不好，马云花大力气对亚马逊等网站的物流、配送和信息等方面的全线出击模式与阿里巴巴做了对比。之后，马云和他的创业合伙人选择了避开物流和资金流，只做信息流的路径。

在很长一段时间里，马云与阿里巴巴都在做同一件事：吸引商家入驻阿里巴巴这个网上平台。他们采用降低准入门槛、免费会员制等手段吸引企业注册成为平台用户，汇聚商流，活跃市场。

马云曾说：“在当时的中国，没有沃尔玛，没有完善的配送和物流服务，在中国市场上三线作战，只能增加成本。如果电子商务只有一点点的利润，那还做什么电子商务！所以阿里巴巴不去做电子商务交易前、交易中、交易后全过程，阿里巴巴只专注做交易前，只做信息流。”

在当时，其实也有一些企业开始进入电子购物平台行业，但想的是如何把所有赚钱的链条都掌握在自己手里。因此，这些企业什么都做，既做资金流，又做信息流，甚至还开始做物流，结果因为胃口太大，战线拉得过长而失败。

这就像马云所说的：“假如有人告诉你，他不仅能帮你做信息流，还可以帮你做资金流，更可以帮你做物流，那么这个人肯定在说谎。到现在还没有一家公司可以把信息流、资金流、物流三者结合在一起。不是技术达不到，而是不具备这样的条件，还没有任何一家公司有这样的条件。”

创业者进入创业状态时要遵守一个重要的原则，就是“扬长避短”。创业者只有清楚地了解了自己的优势所在，咬紧牙关在企业生存阶段坚持下来，才能在未来的道路上实现突破，得到持续的发展。

曾经的万通地产董事长冯仑和很多创业者一样，在企业的宣传选择上，倾向于“机会和关系”。万通早期在商业界混得风生水起、如鱼得水，他们在创业初期就将手伸向了多个领域，把公司的业务拓展到全国绝大多数地方。

当时，正好赶上了泡沫经济冲击，18000家房地产公司都面临着巨大的挑战，冯仑的公司也是其中之一。当时有三种应对方法：第一，破产倒闭，切分债务；第二，收缩战线，减少多余项目；第三，出走转型。

当时，冯仑的生意分布在几十个城市，面临巨额亏损。通过分析和检讨，他最终发现了民营企业最主要的失败原因：用短期贷款去做长期投资。这种模式会让民营企业“看起来很强大，实际上却异常羸弱”，再加上投资了很多陌生领域，使公司的经营状况雪上加霜。自此以后，他开始收缩战线，将上市公司变卖。变卖的过程如同割肉，卖掉第一家上市公司后，万通公司就亏损了3000万。因为这个决定，万通公司总资产从开始的70亿，到最后只剩下了不到18亿。从1999年起，冯仑开始专心搞房地产，利用十年的时间，把规模仅18亿的万通做成了如今100多个亿市值的商业帝国。

每个人都有自己的优点和长处。只要有了适当的环境和条件，每个人都可能有很好的发展。创业者更要善于发扬自身的长处和优点，想办法回避掉自己的短板和弱点。

管理学中有一个词语叫“木桶理论”：一个木桶能装多少水，不在于木桶中最高的那块木板，而在于最短的那块木板的高度。一些学者把这个理论运用到人身上，指出一个人想要有所成就，必须弥补自身的短板。但这个思维眼下已经有点过时了，决定一个人是否优秀，不是看他在各种领域的平均分有多高，而是看他是否能在某一个领域里当上领头羊。天才都有他极其擅长的领域，但也有他极不擅长的方面，而且对比非常明显。假设用平均分来衡量他们的成就，则很难突出。但他们能被称为天才，都是因为在某一个领域处于拔尖地位的缘故。

根据自身长处确认自己的目标，并坚持自己的人生方向，做自己擅长的事情，这就是成功的诀窍。没有人可以在每一个领域都出类拔萃，但是你可以在某个领域将自己的优势发挥到极致，并且不让自己的弱点扯后腿。

作为一位优秀的企业家，需要努力、专注地发挥自身优势，同时尽量跟能力与自己互补的人成为合作伙伴，利用他们的优点来弥补自身的弱点，不需要什么事情都亲力亲为。

要突破事业格局上的局限性，就必须扬长避短。

你能够，就是因为你自己认为自己能够

有一句话说得非常有道理：“他能够，只因为他自己觉得自己能够；他不能，只因为他自己觉得自己不能。”

我们先来听一个鼓舞人心的故事。

故事发生在一对经常跟着父亲去放牧的小兄弟身上。有一天，他们躺在草地上，看着湛蓝的天空中白云飘过。他们突发奇想：如果自己也能长出翅膀，像鸟一样在天空中自由飞翔，那该多好啊。

这时候，远处飞来一群大雁，兄弟俩从草地上跳起来，幻想着能跟大雁一样“飞”起来，可他们根本不可能真正飞起来。兄弟俩心情非常沮丧，问自己的父亲，为什么大雁能在天空中飞翔，而自己却不能。

父亲肯定地告诉他们：只要想飞，那你们就可以飞起来。

“我们很想飞，但为什么就是飞不起来呢？”兄弟俩哭丧着脸说道。

“那是因为你们想得还不够。”父亲坚定地回答他们。

兄弟俩相信了父亲的话，每天都在绞尽脑汁地想让自己飞起来。不论是寒冬还是酷暑，这个愿望始终不曾放弃。在 1903 年，他们依据风筝和鸟类的飞行原理，创造出了人类历史上第一架飞机。兄弟俩终于离开了地面，成功地在蓝天上飞翔。

这一对小兄弟的名字后来为全世界所熟知，他们就是美国的莱特兄弟，飞机的最初发明者。

在美国宇航局（NASA）的大门上，刻着一句人类对宇宙的豪迈宣言：只要是人类能够梦想到的，就一定能实现。

信心是一股巨大的精神力量，能使平凡的事物产生出神奇的效果。若在心中埋下自信的种子，这颗种子就会发芽、成长，进而开出美丽的花朵，最终结出丰硕的果实。

我曾在一本杂志上看过一篇感人的故事。

在鲁西南深处，有一个叫姜村的小山村。在这个小山村里，每年都会有几个年轻人考上大学、研究生，甚至博士生。方圆几十里，没有人不知道这个村子。十里八乡的人们谈论起这个姜村，都会夸赞说：就是那个出了很多很多大学生的村子。长此以往，姜村这个名字逐渐被人们所遗忘，而大学村成了这个村庄的新名字。

姜村有一所小学，每一个年级都只有一个班级。在以前，每个班级只有十几个孩子。而后来却不同了，周围的十几个村子，大凡是有亲戚在姜村的村民，都想方设法把孩子送到这个学校来读书。他们都觉得，把孩子送到姜村的学校读书，就等于把孩子送进了大学。

惊叹姜村创造出奇迹之余，也有人询问、思索：是姜村的风水好吗？是姜村的父母有什么好的教育秘诀吗？还是有什么其他过人之处？如果你把这些问题丢给姜村人，他们往往瞠目结舌，不知所谓。这并非藏私，而是因为他们对于所谓的秘密也一无所知。

二十多年前，一位五十多岁的老教师被调到了姜村小学。听说这位老教师曾是一名大学教授，不知道为何被调派到了这个偏远的小村庄里。自从这个老教师来后，村子里就流传着一个传说：这个老教师能掐会算，可以预测孩子们的未来前程。有的孩子回家会说“老师说了，我将来能够成为一名数学家”，也有孩子说“老师说我将来会成为一名作家”，还有的被老师说能成为音乐家，也有的被老师说将来能够成为钱学森一样的人物。

不久之后，家长们发现他们的孩子跟以前有些不一样了，他们变得积极认真、懂事好学，真的开始有点科学家、数学家、音乐家的样子了。被这位老教师预测要成为数学家的孩子，更加刻苦努力地学习数学；被说将来成为作家的孩子，语文成绩更加出类拔萃。孩子们不再贪玩，不必家长催促，十分自觉地去学习。因为他们被灌输了成为杰出人士的信念：将来他们都会是杰出的人，而不刻苦、贪玩的孩子怎么可能成为杰出人才？家长们将信将疑，开始猜想：莫非自己的孩子真能成才？老师真能预测未来？

奇迹在几年之后发生了。这些孩子参加高考，大部分都以优异的成绩考上了大学。老师年龄大了，调回城市。走之前，他把预测的秘密传给了接任的年轻老师。传承这个秘密的老师，又给一级一级的孩子们做着预测。但他们坚守着老教师的嘱咐：不要将这个秘密告诉村里的人们。

这个秘密就是：在孩子幼小的心灵深处种下一颗自信的种子。

“姜村的秘密”其实就是心理学中的皮格马利翁效应，指人们基于对某种情境的知觉而形成的期望或预言，会使该情境产生适应这一期望或预言的效应。老师的期望，给了学生莫大的鼓舞，充满自信的学生对学习有了更加积极的态度，当然成绩越来越好。

人世间还有什么力量能够比自信更强大呢？自信能够使你发挥出自己的最大能力，它的作用是其他任何东西都没有办法代替的。

Chapter 5

时间观

你的时间用在哪儿，成就就在哪儿

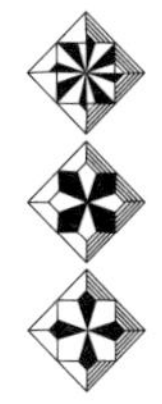

脚踏实地，一步一个脚印

我有一位表弟，毕业后进了一家电商平台，三个月后便辞职，理由是主管对他不好。后来他又去了一个网络技术公司，不到一个月又辞职了，这次的理由是加班时间太长。现在，他去了一家动漫工作室，貌似也在辞职边缘苦苦挣扎。

其实，不仅是我表弟，心浮气躁是很多现代人尤其是年轻人的通病。不管做什么事情，大家都幻想能够一蹴而就，在实现目标的过程中也很难听取他人的劝诫，又对自己的不足不知道自我检讨，这种不务实、不踏实的精神，像罂粟一样席卷了社会。网络上、杂志中，包括一些指导书里，都可以看到各种所谓的“潜规则”，有各种一夜成名或者一夜暴富的方法。这种“一口气吃成胖子”的想法，使很多人幻想通过捷径去寻找成功，而忽视了成功其实就藏在踏实迈出的每一个小步伐里。

细看周围，有许多因丢了“踏实”的美德，而与成功擦肩而过的人。有些人刚进入职场，只学习了三五个月就自以为通晓一切，成了不把上司或者前辈放在眼里的“半桶水”。这类“半桶水”只会凭借一些自以为是的小聪明哗众取宠，并不会脚踏实地武装自己；有的人心怀大志，只会一味地反驳别人善良的劝诫，维护自以为是的“鸿鹄之志”。人们把后者称为“壁球人”，指那些听不进别人意见的人，只要是建议，不管是好的坏的全充耳不闻，同时从不反省自己。生活中还有一些老板怎么说就怎么去做的“橡皮人”。“橡皮人”是一种盲目听从别人指挥的模型化人物。这类人将成功者的吩咐当作金科玉律，成功的人指挥他做什么，他就做什么，丝毫没有自己的主见，可想而知，这类人也很难获得成功。

创建了阿里巴巴集团、刚刚卸任了阿里巴巴的主席和首席执行官的马云的名字在中国现在可谓是如雷贯耳。作为电子商务平台的领袖人物，他带领着自己的团队创造了一个强大的互联网帝国。马云因此成为《福布斯》杂志的封面人物，是该杂志创办五十多年来首位获此殊荣的大陆企业家，并获得了未来全球领袖奖。

现在，马云已经被很多年轻人当创业偶像追捧。他在创业箴言中说：“不想当将军的士兵不是好士兵，但是我认为当不好士兵的人，永远也当不了一个伟大的将军。”这句话对当年拿破仑的“不想当将军的士兵不是好士兵”做出了很好的补充。马云试图告诉我们，想要当上将军，或者想要有将军一般的成就，首先必须做一个好的士兵。踏实地做好一个士兵，这是成为将军的基础。

马云是这样说的，也是这样做的。

有一次，在一档创业电视节目上，马云担任了节目的创业指导嘉宾，参加节目的人大部分都是“80 后”，一批有着创业抱负的年轻人。为了能引起马云的注意，参赛选手在节目里想方设法地表现自己。其中有一位年轻人，他言辞激昂且滔滔不绝地谈论着自己的创业项目，在演说结尾的时候，豪气冲天地称：“给我一千万的投资资金，明天就可以给你们分红，后天就能变成两千万。”马云一向以“自信”自诩，人们都以为马云会认可这个激情澎湃的小伙子。结果出人意料，马云笑着摇头说：“假如我是你，我会找一家好的平台公司，踏踏实实地工作，五年内不要想创业的事情。”

一语既出，全场愕然。然后马云讲了一段自己鲜为人知的往事。

历尽艰辛，马云在 1984 年考入了杭州师范学院（现杭州师范大学）外语系。上大学那段时间，他就萌生了做一番宏图伟业的想法。结果毕业后却被分配到杭州电子工业学院（现杭州电子科技大学），当了一名英语老师，他为此烦恼不已。有一次在母校边上的公园里散步时，碰到了学校的校长。大学期间马云的英语成绩十分优秀，还担任着学生会主席，也算是学校里边小有名气的人物，虽说不期而遇，校长却一眼就认出了他。

校长与马云亲切地交谈起来，并询问马云的未来理想问题。马云直言不讳地告诉校长："我想自己去创业，只做一名教师我心有不甘。"校长若有所思，让马云做了一个许诺：服从学校的分配，五年之内不要去创业。马云不明白校长的意思，询问校长原因，校长不肯多做解释。出于对校长的尊重，他还是服从了这一安排。

这五年的时间里，马云一直在杭州电子工业学院当英文老师，凭借自己的专业知识，他还担任了国际贸易的讲师。虽然月薪只有 600 元，但他依然勤恳踏实，努力地做好这份教师的本职工作。不久之后，深圳有一家公司以月薪 1200 元的高薪想聘请他加盟。这个提议让他很是心动，但想到自己对校长的承诺，最终还是拒绝了深圳公司的邀请。第三年，一家海南的公司开出 3600 元的月薪，希望马云加入他们公司一起创业。马云思虑再三，还是继续坚持留下来。就这样，约定的这五年时间里，马云都在学校里踏实地教书。

今天回想起来，留在学校里教书，固然让他失去了很多眼前利益，但同时让他拥有了受益终身的东西——踏实。

踏实使人拒绝浮躁，踏实使人沉得住心。蛰伏五年，马云终于明白了校长的良苦用心。现在，他把这个道理用自己亲身的经历告诉那些浮躁的年轻人。若没有沉稳踏实的心态，他很难以正确的心态开始自己的创业历程。正因有了荣宠不惊的心态，他才能一点一滴、一步一步创建了阿里巴巴、开启了成功之门。

只有一步一个脚印，踏实地迈出每一步，才能走出一条成功的大道。所以，即使在事事求快的今天，依然要保持踏实的精神。大格局的拥有者，即成大事者永不败的秘诀就是：不积跬步，无以至千里；不积细流，无以成江河。

亮剑只需一瞬，而磨剑却需一生

现在特别流行在手机应用上抢红包的活动。前些日子，大约是过年时，一位朋友讲起在小学同学微信群里抢红包的事情。为了一个“最佳手气接龙”的规则，群里的人争论了好几小时，最后还闹得不欢而散。

事情的起因就是小学同学群里的抢红包活动。依照规则，大家都去抢群里发的红包，抢到最大红包，也就是手气最佳的人要继续发红包，一直这样接下去。本来是过年期间图一乐，但最终演变成难以收拾的局面。

有一个人抢到了手气最佳的大红包之后，并没有按照规则继续发红包，还继续抢其他人发的红包，然后被一位眼尖的同学发现了。这位同学一直催促他赶紧接着发，却久久没有回应。这位同学便半开玩笑半是恶意地在群里说了对方小时候的吝啬往事，然后俩人一言不合就开撕，群里其他玩抢红包游戏的人都觉得十分尴尬。后来，群里的老班长息事宁人般地发了一个大红包，才化解了这一段尴尬，红包游戏到此结束。说到这里，朋友叹息一声：“还没到三十年呢，往日同窗的现状已高下尽现了。”

我问他此话怎讲，他感慨无限：“这两个因五块钱吵得不可开交的人，现在的生活都不怎么富裕。倒是后来发大红包的老班长，生意做得很不错，已有好几百万的身家。”

“最搞笑的还在后边，”他继续说，“这两个原本吵得不可开交的人，抢了老班长发的大红包之后，便心满意足地不再说话了，好像从没发生过争吵一样。老班长事后私聊了我这个建群人，客气而委婉地表达了自己想退出这个群的想法。”

“大家都那么忙，总讨论一些鸡毛蒜皮的小事，没啥意思。”老班长这句话让他感触良多。

谁的工作最舒服、最清闲、最适合养老，谁今天买到了打两折的商品，谁抢到了多少钱的红包……这样鸡毛蒜皮的事情，对一些人来说不值一提，但在有些人看来，却像是举足轻重的大事。

人很容易产生一种错觉：表面看来我蝇营狗苟于小事，其实是一个胸怀天下的英雄。整天沉浸在这样的幻想中，放任自己的境界越发低下，眼光越发浅薄；一边却化身为深夜键盘侠，在一些热评的微博下边，留下一些自以为是、满腔热血却不经深思的评论，然后怀着仗剑天涯的快感安然入睡。

我们往往会忽略这个事实：一个人的面子和里子，内容和形式，其实从来都是一回事。一个人的一举一动、一言一行都体现着他这个人的本性。一个人怎么过一天，其实就是在怎样地度过一生。

或许一个人精于表演，他说的话，所表现的样子故意违背本性。但只要看他每天、每小时把时间花在哪里，就足以判断其本性。

社会心理学里有个概念叫认知不协调。我们为抚平内心的冲突，往往会采取一些妥协甚至欺骗自己的行为，这就是认知不协调。例如：有人想吃一串葡萄但够不到，就安慰自己说葡萄是酸的，一点也不好吃；想要找一份高薪的工作，但久寻不获，就跟自己说没什么了不起，自己运气不好；想要学别人那样创业，又喊累嫌忙怕麻烦，然后就开始诋毁别人赚钱后满身铜臭味，无商不奸，自己两袖清风、宁静致远，可在网络里指点江山。为抚慰自己内心的不协调，就制造出了另一个更大的不协调。最初仅仅是自己内心拧巴，后来开始没事找事，不管看什么事都不顺眼，不管看什么人都觉得厌烦。

人的内心，从来就不是铜墙铁壁，每个人的内心或多或少都藏着一些怠慢、软弱、贪婪，人的一生都要跟那一点点的不甘心苦苦纠缠斗争。

有的人会苦苦坚持着，有的人却早已缴械投降，任凭这个世界的凄风苦雨浇灭自己内心的那团火焰，还美其名曰“那是尊重生活”。

可能每根倒刺都会有被生活抚平的时候，但是我却敬佩那些咬牙苦苦坚持的人们。他们缄默、自律；沉默挺拔、淡泊平静；就像时间荒原里独自屹立的一棵树，带着某种闪着微光的希望和不卑不亢的坚强。

我曾采访过一位企业的创始人，他整天忙得像不停转动的陀螺，但依然坚持每天读一小时书。他办公室有一个放满书籍的书架，一眼望去，里边放了一些跟工作无关的书籍。

我好奇地问他：“您读这些书有什么用吗？我看都是一些跟您工作不沾边的书。”

他说：“不是为了用，是为了保持一种生活的状态。人特别容易向生活妥协，刚开始可能只是一天不读，然后慢慢就变成一周不读，最后会觉得没读书也不会有什么影响嘛。有了这样的想法之后，就把读书抛在脑后了。放弃，其实就是这么容易的事。之所以每天都坚持读，是害怕心底的野马脱缰而出，就再也拉不回来了。生活从不会一下子就把人击垮，它只是将獠牙时刻对准你。你一不留神，它可能就会对你发起攻击，当你意识到它带来的攻击时，可能为时晚矣。”

有一句话说得很有道理：精力和时间用到什么地方，都是看得见的，但造就你的往往是那些你看不见的时刻。

一次走神，一次犹豫，一次动摇，一次投降，一次……不知不觉中这一次一次，消耗了勇气和力气，让你变成了一个浑浑噩噩的人。

王路老师曾写过一篇文章，里边提到“招数与内功”的区别。看别人一举成名，就觉得那是运气，却不知道一击必中背后，蕴藏着对方多少努力。亮剑只需一瞬，而磨剑却需一生。

每个人每天都在做着某些改变气质、身体和素质的事情，若从眼前来看，可能根本看不到什么改变。但是将时间拉长到整个人生，就会一目了然、高下立现。

每天把时间花在打游戏还是读书上，每天吃垃圾食品还是每天健身，每天在守着微信群抢红包还是每天研究 K 线图……

造就人们的，从来就不是某个机缘，而是每天在做的一件件事情。它们影响着你，满足着你，塑造着你。

时间最终会告诉你你到底是谁，你度过的每一天，都是这份答卷的一笔。惟愿落笔无悔，每个人都能过上自己想要的人生。

“熬时间”是一种最辛苦的人生

交情很好的一位女性朋友向我讲了这样一段人生经历：

她毕业的那年国庆节，父母的一位老同学到家里做客。当时她刚刚实习没多久，正对照着一本厚厚的 Excel 大全，按照前辈们给的模板努力地套公式，那位来访的叔叔是她家的旧交，看到她在电脑前焦头烂额的模样，感叹一句：“你一个女孩子家，进什么大公司啊，连个节假日都要加班，太辛苦了。”

说完又对她的父母说：“最近安安那儿正在招人，我帮你们留心一下，你们也自己准备准备。女孩子应该去那样的单位上班，安定、稳妥，工作也轻松一点。”

安安是那位叔叔家的儿子，比她大三岁，毕业后就被家里给安排进了一个清闲的单位，做了一名行政。那家企业的效益一般，只是清闲。工作也没什么事，整天喝茶打游戏看报纸的，混六小时就下班了，一天也就过去了。

她的父母婉言谢绝了朋友的“好意”，说她脾气差，情商低，做事没有眼力见儿，不适合去这样的单位上班。

“你以为是让她去工作啊？不过是给孩子找个地方养老罢了，会不会搞关系有什么要紧的，你即便坐在那里什么也不干，都不会有人让你走的。”这位叔叔说道。

挨不过叔叔的盛情坚持，她加了他儿子安安哥的微信。他反复地叮嘱儿子：“要是你们单位招人，马上通知你妹妹。”

安安哥也确实上心，跟她提了几次，她都婉言拒绝，这事也就不了了之。两个人彼此沉寂在手机通讯录里，仅有的交集也就是朋友圈的点赞罢了。

去年的时候，项目对接的客户那边出了点问题，公司派遣我的朋友一个人去台湾出差。在那里一待就是大半个月，每天晚上加班到九十点钟，就连周末都恨不得在工厂里盯着进度。有一天她实在忍不住了，发了一条吐槽的朋友圈：真希望自己能早点结婚生个孩子，这样就可以理直气壮地退居二线了。没过几分钟，安安哥发了条信息给她：“其实我还挺羡慕你的。”

“羡慕我？羡慕我什么？忙得焦头烂额吗？”

他说：“是啊。对于我们这样的人来说，连忙碌都是一种奢侈。”

后来我的朋友才知道，安安的日子其实一点也不顺心。几年过去了，职位依然纹丝不动。有些比他来得晚的年轻人，都被提拔成他的领导，每天被呼来喝去的，干一些鸡毛蒜皮的杂事，使他异常郁闷。

他也曾试图参加一些项目，结果却被分配到最边缘化的一组。资金少，同组的人员也都是一副心有戚戚焉的样子。他一人独木难支，最终项目泡汤了不说，爱打小报告的同事还在背地里告状，说他越俎代庖，越过小组长给大家分配任务。

他们的单位并非没有能做事的团队，但那是单位仅有的精英战队，手上的项目会直接决定来年单位的效益。而那些小组，并不欢迎他这样的人加入。

“很多人都觉得我这份工作轻松稳定，是一个混吃混喝养老的好地方，但心累啊。”

想努力往上走，却被“猪队友”抱着大腿死死拖住，就这样看着那些更年轻的人走在了自己的前边；看着别人忙忙碌碌，自己却一无是处，像个废物一样。

“以前觉得安定就好，向上走太累，可是现在才知道，向下走更难啊。”他发表了这样一句感慨。

当你身处一个人人都在向上的环境里时，努力进取成为主旋律，就没时间、没闲情去说别人的风凉话，给别人下绊子，更不用说千方百计地想把别人拽下来了。

人往高处走。越低的地方，是非越多。

与事情打交道，脑累；与是非打交道，心累。

我有一个算得上是个富二代的女性朋友。在她上高中时，家里已购买了五六套房子，妈妈不必去外边上班，唯一要做的事情就是月底跑一下银行收一下房租。

她是独生女，毕业后就去欧洲游览了一圈，然后一直在家待业。就这样提前过上了遛狗弄花、岁月静好、恬淡安稳的小日子。

别人羡慕她活得安逸潇洒，没有金钱方面的后顾之忧，但没过几个月，她就找了一份培训机构的助教工作。这份工作虽不辛苦，但每个月的薪水还不足她生活费的零头。

干了快一年，她从助教升职成了代课老师。升职那天，她约我出来吃饭。看见她的时候，我觉得她变了很多。外形上，变得瘦了点、黑了点；气质上，再不像上学时候那般懵懂天真。吃饭过程中，每当说起她班里学生的趣事，两只眼睛都会放出光彩。

“为什么想要出来工作？现在的工资估计都不够你买个包吧？”我问她。

她回答我说：“是啊，不够。但平时去上课也不用背个名牌包包。以前从来没有体会到，被人需要的感觉居然是这么好啊。被重视，被需要，尽自己的能力去创造一些价值，比刷一天微博、看十部韩剧甚至买十个包包什么的，能产生更大的满足感。”

接着，她又说：“人的一生，在追求自由的同时也追求着认同感。这种认同感的产生，并非是在营业员心不在焉地说着‘好漂亮’的时候，也不是在同学朋友聚会上别人感叹‘你有这样的爸爸真好’的时候，而是你凭借自己的努力创造出一些什么的时候。”

熬时间混吃等死是很艰难的事。每时每刻的时间都会被无限拉长，长到一定程度，人往往变得恍惚，觉得自己熬不过去，每天重复过着简单的日子，深陷在自我否定和自我怀疑的深渊中。

更让人抓狂的是，情绪上的内耗远远超过体力上的付出。被誉为美国心理学之父的威廉·詹姆斯说过一段话，令我很受触动。给一个人最最残忍的惩罚就是：给他自由，让他在社会上自由逍遥，然后忽视他，完全不给他一丝关注；甚至当他出现的时候，没人愿意点头打个招呼；当他说话的时候，没人想要去回应，没人在意他的任何举动。

并非人人都有混吃等死的资本，同样也不是人人都可以承担混吃等死的辛苦。

只有付出努力，人才能对抗生命中巨大的空虚感，才可以到达自我实现这个人生最高目标。假如无法实现自我，拥有再多的钱，再多的自由，依然会感觉痛苦。

无法得到重视，无法得到理解，无法创造价值，那将会是最辛苦的人生。

远离那些拖自己后腿的人

小优决定去考特许金融分析师（CFA），这消息不到半天的时间就传遍了整个办公室。不大的半公共办公区域，马上气氛微妙起来。

坐在小优对面的赵姐首先打破了这种沉默："小优啊，女孩子太有事业心会很累的。你年纪也不小了吧？有时间不如赶紧给自己挑个男朋友吧，女人啊，干得好不如嫁得好，你这么拼，有什么用呢？"

隔壁桌子的同事也接口说道："就是啊，你看看赵姐，嫁了个好老公，现在都不用操什么心，多显年轻啊。我前几天发现一家新的美容店，明天一起去试试吧，你上那个课有什么意思嘛，太累了，不如去美容。"

"你学的这个，在咱们公司压根儿用不上，就是去浪费时间啊！"

"好多人羡慕咱们朝九晚五不用加班，你还没事给自己找事的，傻了吧？"

就连坐在最远处的同事也都围了过来，七嘴八舌的，没一句鼓励的话，满满的都是质疑和阻挠。她甚至被经理叫去谈话："你是不是觉得现在的工作太闲了，所以才有这么多想法？”那位女经理四十多岁了，对小优的这种上进心，表现出虎视眈眈的警惕感，然后也苦口婆心地对她进行了一番诸如“还是找个对象吧”和“人生要知足”的谆谆教诲。

小优受不了这些，决定离职备考。在离职的那天，跟我一起吃了个饭，她说：“我不知道做出这样破釜沉舟的决定，以后会不会后悔。但若不辞职，我真觉得现在每天都过得好累，不仅仅是因为每天下班后需要去上两小时的课程、周末风雨无阻这些体力上的艰辛，更多的是因为精神上的质疑，时时刻刻都感觉在被同事洗脑，有时候甚至自己都要开始怀疑自己。我只有一辈子的时间，不想这么浑浑噩噩地活着。”

结果下来了，她比预期的更早获得了证书，应聘去了一家更大的企业。面试她的老板，听完了她的职业规划，微笑着表达了赞许。

她约我再一起喝咖啡的时候，两眼发亮：“这是第一次别人没因性别和年龄而质疑我的努力。新公司的工作环境也特别好，同事积极上进，就连我们的经理，已是两个孩子的母亲，还在跟着我一起学日语呢。”

小优更像一个被重新点燃的火炬，信心满满，斗志昂扬。她后来又在微信上跟我说：“在最困难的时候，支撑我继续努力下去的，只有一个信念，就是要摆脱那些拖后腿泼凉水的人、那个泥潭一样的环境。”

所以，她才需要将步伐迈得更大。假设只停在原地，一辈子都无法摆脱那样的环境。想去一个温和干净的地方，遇到更温暖明亮的人，那是支撑小优坚持下去的全部力量。

我带过一个刚毕业的实习生，他跟我讲述了自己高中时期的一段逆袭史。

高一的时候，他学习成绩很差。每天的生活就是上课打瞌睡和下课踢足球，偶尔想要拿起课本看看书，身边那些所谓的朋友就会冷嘲热讽：

“突然听妈妈话了？准备做个乖孩子？”

“哎哟，你小子是不是看到新来的英语老师很漂亮，才背背单词，想吸引她注意啊？”

“就你这基础，学了也是白学，还不如考试的时候哥们儿给你递个小抄呢。放心吧，分数足够拿回家去应付你妈妈了。”

十几岁的男孩子，正值青春叛逆期，也是脸皮最薄的年龄。起初只是对学习本身没有什么兴趣；后来，不学习成了一种标榜自我个性的手段。直到暑假，父母送他去参加了一个夏令营。

晚上篝火晚会，大家坐一圈聊天。他突然发现，原来除了去讨父母和老师的欢心，努力还有那么多意义和可能。

小组讨论时，没有人因基础差而轻视他，也没有人去嘲笑和劝他放弃，反而会给他打气，给予他鼓励。

这些同龄的青少年坐在一起，讨论的是明天、是未来、是人生的规划，而不是考试时如何作弊。

这是他心之所系，却从来没有拥有过的生活。

夏令营结束，开学之后，他变成了一个发愤图强的人。高考的时候，他的成绩已在全校名列前茅。

他说："一开始补习功课的时候，每天晚上只能睡四五个小时。我所有的笔记本上都写着美国诗人狄金森的一首诗：如果不曾见过太阳，我本可忍受黑暗。"

想进大学，想跟更好的人在一起，想奋力进入那个有选择、有理想、有光亮的世界。

他说："我跟那几个损友再也没有来往过。他们说我寡情，但我自己心里清楚，跟这些自己不努力、还拖别人后腿的人为伴，可能我的一生再也不会成功了。"

或许，每个人心中都有一簇代表着向往与追求的小火苗，那一簇小火苗还代表着不可言说又不想放弃的理想。那簇小火苗会变得微弱，需要更多的鼓励和支持，但有时，我们收获的却是否定和质疑。

这也许是人生有点艰辛的原因之一：别人的行为模式和生活方式会像疾病一样传染蔓延。并非所有人都在一开始时中招，却会在某个脆弱又疲惫的时刻，无可避免地被负能量入侵。

远离那些拖你后腿的人，把自己变得更好，努力迈进那更好的圈子，收获更正面的能量，这看上去或许无关紧要，却会让你前进的人生更加精彩。

自我约束，不妨试一试“延迟满足”

经过几十年的研究人们发现：意志力会对人生起到举足轻重的影响。

20 世纪 60 年代，科学家们进行的学前教育小型项目是最早的一批研究项目之一。在这个项目里，一些来自贫困家庭的孩子得到了特殊的关爱，他们能够参加学前教育项目，学习增强自控能力和其他的生活技能。项目的最初想法是提高这些孩子的智商，只是结果并不理想。

不过，多年以后，这些参加过项目的孩子比起其他未参与试验的孩子，早孕率、犯罪率、失业率相对来说要低很多。

这个研究项目促使了美国“启智学前项目”的诞生，目前全美随处都可见到这种学前教育制度。

20 世纪 70 年代，沃尔特·米契尔作为斯坦福大学的心理学家，做了一项经典的“延迟满足实验”研究。米契尔邀请四岁大的孩子到斯坦福大学校区宾格幼儿学校里的“游戏室”。室内摆放着一盘糖果，实验助手告诉这些孩子，你们可以挑一颗自己最喜欢的糖果。

孩子们很快都挑好了自己心仪的糖果。然后，真正的考验到了。

实验助手对孩子们说："如果你愿意，现在就可以吃掉这颗糖。但如果你愿意等我办完事情回来再吃的话，你将可以得到两颗糖。"

为了达到实验目的，游戏室排除了干扰物，没有书本、玩具等，连图画都没放。在这样的情况下，四岁的孩子就只能依靠自我控制力来抑制自己的欲望。有大约三分之一的孩子当场就把糖果吃进了嘴里；还有三分之一的孩子选择等待漫长的 15 分钟，最终获得了两颗糖果；还有三分之一的孩子中途退出了实验。最为显著的实验结果是：可以抵抗糖果诱惑的孩子，他们的执行性控制测试得分较高，特别是在专注力再分配方面。

米契尔认为：意志力的关键是注意的方式，他利用几百小时来观察孩子抵制诱惑力的方法，将这叫作"策略性注意分配"，这是关键技巧。那些等候了 15 分钟的孩子，使用了很多方法来分散注意力，比如唱歌，或者假装玩耍等。要是他们老紧紧盯着糖什么也不做，那他们就危险了，糖果肯定会被早早吃掉。

在自我约束和立即满足两者的相互较量中，至少会有三种专注力的亚类型在这个过程中起作用，它们隶属于执行注意系统。第一种是将专注力从具有很强吸引力的目标转移到其他地方的自主能力；第二种是抗干扰能力，即把专注力保持在别的事物上，不要重新被糖果吸引；第三种是专注未来目标的能力，就像这群孩子将注意力放在了 15 分钟之后的两颗糖果上。这些能力加起来，就形成了意志力。

延迟满足实验证明了孩子在虚拟环境中所表现出来的自我控制能力，这固然很好。但我们在现实生活里抵抗诱惑的能力又怎么样呢？让我们去观察一下新西兰达尼丁的孩子们吧。

达尼丁的人口刚过一万，素有“大学城”的美誉。凭借这两个特点，使达尼丁见证了一项科学编年史上研究成功要素最著名的实验项目。

这项研究具有很大的难度，颇为棘手。研究员深入全面地研究了 1037 名儿童（他们的年龄差距不超过一岁），并且由不同国家的团队一直对这些儿童进行追踪研究。研究团队的成员具有许多不同的科学背景，每个学科都从各自不同的角度研究和寻找自我控制、自我意识的主要标志。

在上学期间，这些儿童接受了一系列让人印象深刻的测试，比如一边评估他们对烦恼和沮丧的容忍度，一边评估他们坚持和集中精神的能力。

二十年后，大约有 96% 当年的儿童还在继续被跟踪研究。这么多年以后，他们都已经是成年人了，科学家们对他们进行了以下项目的评估：

健康：他们接受了实验室的体检和测量，检查的项目包括新陈代新、精神病、呼吸道、心血管，甚至还有牙齿检测。

财富：他们有多少存款，能否单独抚养一个孩子，有没有购买房子，是否存在着信用问题，有没有去做投资，有没有退休金的计划。

犯罪：跟踪调查的人员搜索了新西兰和澳大利亚的法庭记录，查看了他们是否有犯罪行为。

结果证明，这些接受测验的儿童，童年时期的自控力越强，成年之后过得越好。他们更加富有，更遵纪守法，也更加健康。童年时期容易冲动、难以自控的人，成就不高，健康状况也令人担忧，更有可能出现犯罪现象。

这项研究结果引发了极大的关注。调查的数据分析显示：完全可以通过儿童的自控水平，准确地预测出他们成年后的健康状态和经济成就，也包括犯罪记录。

意志力是足以影响成功的独立因素。童年期间，自控力相对于家庭出身或者智商，对成年后的经济成就影响更大。

通过意志力也可以准确地预测学业成就。在另一个实验中，参与的对象是八年级的美国学生，他们可以选择当场获得一美元，或者在一个星期以后得到两美元，这种自控能力的调节跟他们平时绩点的相关性相等，甚至高于智商和绩点的相关性。高水平的自控能力不仅可以获得更好的成绩，还能具备良好的心情调节能力、安全感水平、人际沟通技巧和适应能力等。

这给我们带来了一个启示：就算人们在童年时期拥有最优越的经济条件，假若在追求目标的时候，不懂得延迟满足，那么早年的优势也可能逐渐消失。就像在美国，财富排名前百分之二十的富人后代，最终只有五分之二的人留在了原本的阶层；大概有百分之六的富人后代收入下滑到了最低的百分之二十的社会阶层。从长期来说，责任心跟名校、SAT（技术能力评估测验）、昂贵的夏令营教育一样，对学业成就起到强有力的推动作用。所以，千万别低估了孩子们参加社会实践，甚至一直喂养宠物并清理笼子或练习吉他等事情的价值。

一切提高儿童自控能力的尝试，都会让他们受益终身。

专业跟业余的区别，是利用时间的质量

我曾在公众号文章的最后，收到一位读者这样的留言：

“不知道你是否有这样一种感觉——每天时间都好像不够用，常常熬到半夜，做那些没完成的事情。结果第二天精神状态更加萎靡不振，出更多乱子。然后恶性循环，会觉得时间一直不够用，而且什么事情也没做成……”

这位读者最后问我：“有没有好的时间管理软件或者课程推荐一下？目前这种低效率的生活，让我实在受不了了。”

我曾经也非常痴迷于时间管理。番茄钟，吞青蛙以及 TO DO LIST 之类的各种软件，不知道下载安装了多少。也听过许多大神们的时间管理课程，每次做年度和月度计划时，都恨不得沐浴焚香对着时间三叩九拜了，祈祷时间能过得慢一点。可时间充耳不闻，悄悄地溜走了，剩下一事无成的我在原地发愣。

手机应用程序的画面提示我：二十五分钟不要去碰手机，你将会获得一棵树。但是当我一棵棵收集，最终获得一片森林的时候，依然觉得时间不够用。

感觉把每一分钟都掰成了两半来用：边洗衣服边听音频节目，边坐地铁边看书，写文章的时候点开小黑屋软件强制保持注意力。就算是这样，也只是把自己弄得心力交瘁，压根没有过多的收获。

跟朋友吃饭的时候，我连等一杯热可可冷却的时间都要计算，嫌弃时间浪费太多。朋友看我脸上满满的迫切和焦虑，她就问了我一个问题：

“有没有想过，你觉得时间不够用，不是因为时间被你浪费了，而是本身就不够用。”

她从事文字工作，从记者到采编，再到报社的主笔，已经有八年多的时间了。就写文章一事，她问我：“一篇两千字的文章，你大概需要多长时间？”

“不包括前期的准备工作，我最少也需要大约一个半小时吧。”我在心里盘算了一下时间。

“材料齐备的前提下，两千字的文章，我大概需要四十分钟的时间。”她笑了笑，告诉我，“单写文章一项，我每天能比你节省五十分钟的时间，这不是因为你故意拖延，由业余跟专业的区别决定的。其实你的时间不是不够用，只是技能跟不上野心罢了。”

我恍然大悟，联想到自己曾经的一段经历。

那时，我刚毕业，被分配去了一个生产机械刀具的工厂。工厂不大，二三十个人，因为做出口的缘故，效益很好。

我被分配给一位四十多岁的老技术工人做徒弟。我发现，不管怎么快，我始终及不上师父的速度。我有点灰心，干活提不起精神，整天怏怏的。

我师父某天终于发现了，他问我：“你到底怎么了？是生病了吗？”

我把苦恼向师父和盘托出。

师父笑了笑，将我领到车间内，指着磨床上一个零件问我：“你觉得加工几次才能达到最终的精度？”

“两次吧？”我迟疑地说。

“两次肯定不行。你看这零件两边的表面纹理不一般高，高度至少差了 0.2 毫米。”我不信，取来游标卡尺测量，果然如师父所说一般。

师父又把我领到了车床车间，指着车床上正在加工的零件问我：“你觉得这一刀切掉了多少？”

我看了半天，根本猜不出来。师父盯着正在转的零件，对我说：“差不多 10 丝（1 丝是 0.01 毫米）吧。”说完，他去问车床的程序员，果然进刀加工尺寸是 10 丝。

这时，师父问我说：“现在你知道为什么不及我了吧？”

我恍然大悟。原来，我差的不是时间，而是技术。

后来，我开始努力学习，日积月累之下，终于能用肉眼分辨出 0.1 毫米与 0.2 毫米之间的差别。但始终未能达到师父的境界，不是因为我愚钝，而是我觉得自己的兴趣并不在机械行业。

大约一年半以后，我改行从事文字工作，因为我发现，在机械行业中，我的时间可能永远不如师父那样宽裕。

在生活中也发现了一个有趣的例子：

做一份同样的幻灯片，老手只需要十几分钟的时间，而新来的实习生需要近两小时才能完成。而他的老板只需要扫一眼这份幻灯片的内容，马上就能判断出下一页数据的走向、出现的原因以及需要补充哪些数据，才能让这份幻灯片的文稿变得更加充实完整。

这些无关智商高低、无关勤奋与否、无关个人态度，朋友的能力是未来升级版的我，而我现在则还只是实习生的升级版。

不要迷信任何快速养成和快速学习。专业跟业余的区别，就是利用时间的质量。你的问题不是做事情慢，而是专业度的欠缺。

你想要的人生，其实一直在向你发出邀请

年纪稍微大以后，常有些惴惴不安。微信群里总会有一些人发出这样的感慨：好害怕自己年龄大了，有一天会遭遇失业的惨痛打击。大学时读的专业不是很好，跟个万金油似的，放哪里都行，工作的内容也没有什么独特性，仿佛随时都可以被代替。每年看到公司里进来一批新人，一种恐慌感就油然而生，生怕自己哪天突然被取代了。

一位学财会的女生，用自己的经历现身说法：2015 年 7 月毕业于某所 985 院校的她，试了三份实习工作，都没有办法留下来。她在群里发表感慨，怪自己当时报考的专业不好，没有什么独特的技能，拿到的证书也没什么含金量。财务这样核心要害的工作部门，大多数公司都只招一些知根知底的熟人。“要是有一部时光穿梭机，让我穿越到过去就好了，我一定会阻止自己选择这个专业。”她激动地说。

可就算换一个专业，又能怎么样呢?

这个时代瞬息万变，早已没有了金饭碗一说，四年的大学时间太过漫

长，谁也无法预测一个行业四年后的发展趋势。

我依稀记得当年自己报志愿的事情，当时 IT 和外贸被炒得火热，太多学生都想进入这两个专业，大家觉得进入这两个专业就有了铁饭碗。但现实并非如此。毕业之后，IT 和外贸两个行业的人才已经趋近饱和状态，只有一部分顶尖的优秀人才，能在职业竞争中脱颖而出，然而大部分人并不具备什么优势。

没有哪个专业能改变人的一生。真正重要的，是你为了自己的前程做了多少的努力，用了多少心。

同样是财会专业毕业的学生，有的人只有一张初级的会计师资格证书，那么只能进一家小公司做点初级性质的财务工作。有的人却拿到了注册会计师证书——这张业界公认的“变态”证书，早早地被行业“四大”巨头企业预订了。

同样是服装设计专业，一部分人只会纸上谈兵，知识面仅停留在考试的试卷上，色调、布料等都只限于理论知识的掌握。有一部分人却充分地了解面料、美学，能够拿出自己的成品。

同样是机械加工专业，一部分人只会按部就班、按图索骥地将零件摆上加工中心，加工完成后将零件取下。有一部分人却掌握了 AUTO

CAD、MASTER CAM，最终将自己摆在了高级技师等高级位置上。

这是一个分工不断细化、不断进步的社会，不再有任何人、任何专业依然享有“不可替代”的金饭碗之名了。只有不断进取，证明自己足够优秀，才可以找到属于自己的一席之地。

知识在不断地向技能转化。很多毕业生却仍只会纸上谈兵，理论一套一套的，但实际操作能力非常弱。他们没有自己的思考体系，若抛开现成的书本内容之后，就变得几乎“一无所知”。做人力资源的通常会说这些人“眼高手低”。

其中一部分人进入职场以后，慢慢地通过实际工作积累经验，逐渐开始挑大梁；也有一部分人，自恃理论知识丰富，恃才傲物，不懂得联系现实，无法跟上社会前进的步伐。

想在职场生存，需要的不仅仅是知识，还需要智慧、经验和能力。

你能不能用地道的伦敦英语背诵莎士比亚的十四行诗，没有多少人在意，大家更关心你在跟客户的交流中，是否可以清晰地表达自己的想法。

市场营销的十三条黄金定律是什么，没有多少人关心，大家更关心你做的报告能否让老板满意，内容是否反映了市场的实际情况，是否能指导下一步的行动。

专业应用能力的高低，并不取决于专业本身，而取决于能将专业运用到什么程度。工作初始，个人往往依托平台，力图把自己的名字印在一家著名公司的名片上，仿佛这就是我们的能力象征。但人不能一辈子都依赖平台的荫护，真正需要做的，是利用平台力量来提升自己的能力。

你的能力到底怎样，你的业务水平是否成熟，一张名片说明不了什么，关键要看在你脱离了某个平台之后，是否继续还能在行业内呼风唤雨。

眼光宜放长远，把注意力从工资的涨幅，转移到自己可以创造出的成绩上来。

任何一份工作或专业都无法定义你的一生。能定义你的，是你自己认为自己是谁，坚持什么样的工作态度，是你愿为此付出什么样的努力，来争取想要的人生。

只有能力永伴身边，它才是你安身立命的工具。

认定一个目标，一次就把事情做好

马云觉得创业就好比登山。要想成功，就得认准了山顶一个目标，不停地攀登，直至最终到达山顶。而那些失败者，在攀登过程中三心二意，看到花开得漂亮就去采摘，看到石头形状特别就去捡石头，最后往往半途而废——不仅弯腰动作浪费体力，漂亮的花迷惑了攀登者的心智，而且搜集的石头增加了登山者的负重，结果可想而知。

专注于做一件事或者一个领域，把它做大做强，是成功的一条捷径。对任何一位创业人员来说，专注都是不可缺少的品质。

当然，创业并不是让人只做一件事，而是说要先将一件事情做到成功，然后再扭头去做另一件事。若成功地解决了第一个问题，就有可能成功解决第二个、第三个……如果连第一个问题都无法解决，那就有可能丧失解决问题的机会。

上文中我们举了杭州第一家专业翻译机构海博翻译社的例子，若你现在打开海博翻译社的主页，会看到这样一段文字：杭州海博翻译社于

1994年1月成立，由马云先生创立，是一家经过工商局正式注册成立的专业翻译机构，是杭州最早成立的翻译社。……翻译社自成立以来，始终把顾客和信誉放在首位，保证质量、服务力求完美，拥有广泛的客户群。我社不仅有好的翻译人员，还有一支精干的业务后勤队伍。十多年来，我们踏踏实实，一步一个脚印走过风雨，与您一起迎接更美好的明天。

另外，打开网站首页，会出现马云所提的四个大字：永不放弃。虽然马云现在已经离开了翻译社，但是他那种脚踏实地的工作态度，始终鼓舞着翻译社的其他员工们。马云就是这样一个人：脚踏实地、永不放弃，他从一开始就在勤勤恳恳、踏踏实实地致力于做好一个小公司。

马云认为，创办一个企业就像在抚养一个孩子，不能一生下来就指望他去挣钱养家糊口。你需要不断地培养他，给他营养和知识，只要孩子茁壮成长，赚钱是早晚的事。

如何用培养孩子的方法去做好一个小公司呢？马云给出的建议首先就是专注。专注就是有所为有所不为，这一点非常重要。一家公司脚跟都还没有站稳就追求多元化，别说小公司，就是大公司失败的案例也屡见不鲜。所以小公司更需要专注地抓一个点，把这个点做透做深，通过这一点来积累资源。要是小公司四处撒钱，企业那点资源很快就消耗殆尽了。

我们身边很多失败的创业者，他们的失败原因并非没有经验、缺少资金等简单的因素。大部分的失败原因都是不够专注。有些创业者总被自己脑子里的那些不安分的想法牵动着，今天打一口井，明天养一只羊，结果水没打出来，羊也消失不见，徒留一堆坑而已。

创业者还需要有一种胸怀，一种与时俱进的学习能力。很多创业者失败的原因就是太过自负，不肯听别人的建议。其实，作为一名创业者，经验匮乏在情理之中，但若连谦虚和开放学习的心态都没有的话，注定只能失败。

要把一家小公司做好，就必须要有执行力。有些人只会夸夸其谈，表面看起来能力满满，好似能独挑大梁，但若真的面临实战，创意一堆却无法兑现，没有任何实际行动力。

我们必须明白，想法只是开头，空想无法实现价值。我们坐在办公室里脑子稍微一转，一小时之内可以天马行空地浮现出十几个想法。这一小时，可能脑海里的思维已经围绕宇宙走了好几个来回。但是，行动的成本要比思想高得多。

对创业者来说，这样的经验和执行力极其重要。同一个想法，两个不同的人去做，谁的执行力更强，经验更丰富，谁就更容易走向成功。

时间花在哪儿，成功就在哪儿

李开复，这位曾担任谷歌、微软全球副总裁，现担任创新工场的董事长兼首席执行官的大亨，在谈论时间方面的话题时，曾说过：“人的一生之中，有两件最大的财富。一是你的时间，二是你的才华。”

有的人在时间里积累才华，让生命更有意义；有的人在时间里无所事事、虚掷光阴。时间和才华两者其实是互补的，人们利用时间来累积才华，才华的实现源于时间的积累。如何更有效地利用时间让它发挥最大的作用，让时间铸造才华，用才华造福自己的人生呢?

我有一位朋友特别成功，从小读书成绩很好，也不惹是生非，是典型的“别人家的孩子”。读书时，他基本上每门功课都是班级第一，尤其是那些枯燥的字、词、诗句、单词的背诵，我们愁得头发都白了，而他却信手拈来，毫不费力。

其实，小孩子读书最大的问题不是慢，也不是背，而是“记”。绝大多数孩子都能背诵下来，所用的时间也不长，但考试的时候不是忘记，便是记错，生生地把分数送给了老师。

真正的麻烦是记，背完之后能记住多长时间，能不能保留在脑海中，至少可以应付考试的压力？

我这位朋友却没有这方面的苦恼，不管何时，背过的东西基本上就不会忘记。

我后来去请教他秘诀。他笑笑说：“合理地分配时间就好了。”

“背书跟分配时间有什么关系呢？”我疑惑地问。

“你知道艾宾浩斯遗忘曲线吗？”他问。

看我丝毫不知，他继续娓娓道来：

“艾宾浩斯遗忘曲线是大脑对新事物的遗忘规律。如果我们学完知识后，不抓紧时间复习，25 分钟后就忘得只剩下 58.2% 的知识；1 小时后剩下的知识只有 44.2%；若再等 8 ~ 9 小时后，剩下的仅有 35.8%。

“而如果等到 1 天后，你所记住的知识就只有 33.7% 了。2 天后下降到 27.8%，6 天后就只剩下原来的 25%。

“换句话说，背完书后，若不花时间去复习，脑海中一个礼拜后已基本剩不下什么了。如果按照这个曲线来安排复习计划，在 20 分钟、1 小时、1 天、1 个礼拜这些时间点进行复习，就能记得非常牢靠。

“我每天都做好计划，复习前面的知识，只要把时间用到对的地方，你的成绩就不会差。”

我跟着他的方法学习背诵，果然记得很牢。

另外，大量的研究数据证明，每一个人都有自己专属的高效时间段。这时间可能在早上，也可能在下午。不论在哪个时间段，若能在这个最有效率的时间段做事，只需百分之二十的投入就有百分之八十的效率；但若在效率最低的时间段做事，可能百分之八十的时间只换得百分之二十的效率。

所以，人一天内的有效时间段非常宝贵，它可能只有两三个小时，若在这个时间做最重要的事，必然有最佳收获。若不能清楚地知道这个“二八法则”，就可能在最好的时间段里做无用的事情，那无疑是对时间最大的浪费。

根据生物学家们的研究结果，人一天中有四个高效率的用脑时间段，分别是：

（1）清晨的六点到七点。这段时间，人脑已经过一整晚的修整，昨天接收的信息已经进行了记忆、归纳和清理。在这个时间段，大脑正处于空档期，做起事来事半功倍。

（2）上午的八点到十点。这段时间内，人的精力刚被唤醒，处理信息的能力比较高，记忆力、反应力、判断力都处于增强和提高的过程中。

（3）傍晚的六点到八点。这段时间，大脑开始吸收一天所接收的信息，在休息前保持着一份亢奋。

（4）进入睡眠前的 1 ~ 2 小时。这个时间大脑不会接收新的信息，只会进行无意识的信息整理和编码。人们可以很好地利用这段时间回顾和温习一些知识，深化和思考一些白天遇到的事，这样能更好地帮助大脑进行信息整理。

要让时间变得有效率、有规律，我们的生活时间就必须变得有规律，早睡早起，大脑才能有规律地运转。有时候，时间花在哪里，成功就在哪里。你和成功者之间，或许只是差了一个时间规划。

Chapter 6

内驱力

所有的机遇都是你在
全力以赴的道路上遇到的

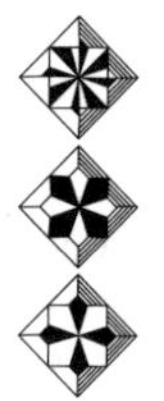

世界那么大，你能去看看吗

2015 年 4 月 14 日左右，一封辞职信引发网络热评。辞职的是某校一位女老师，辞职的理由仅有十个字：“世界那么大，我想去看看”。一时间，网络上沸沸扬扬，“出去看看”之声不绝于耳。

事实上，出去看看是很好的抉择，但是，怎么去看，如何去看，又是一门学问了。

某次聚会，一位高中同学曾经这样对我说：“我不清楚自己喜欢什么，每天上班都提不起来精神，浑浑噩噩，可我又不甘心如此虚度人生，该怎么办呢？”

我的这位同学从前跟我一样，都是理科班出身。进入高三后，文理分科——那时的高考流行高一、高二圈养，高三这年正式确定文理分班。他的历史、政治学科不强，于是班主任老师建议他走理科，而且理科生可选的专业多，将来到了社会上也比较容易找到工作。他后来便去了理科，上了所不好不坏的大学，选了机械加工相关的行业。

这位同学毕业十多年了，如今在中型企业做机械工程师，薪水中等，整个人也和这个职位一样，不高不低地卡在一个尴尬的阶层里。

我的这位老同学有很强烈的进取心，想让人生变得更加锦绣。那次聚会上，诉说自己境况的时候，几乎是鼻涕眼泪一把抓，我从他的话语中真切地感受到对混吃等死现状的心不甘情不愿这种强烈的情绪。

我问他："你既然对现状不满，那为什么不跳槽呢？我听说你们行业跳一次槽，环境就会大为改变。你做了十多年，写一份简历，去别家公司面试一下啊。"他有点尴尬地回答道："其实我也没什么能拿得出手的成绩，又没有更高的技术资格证书，每天做的工作基本都是套路，没难度没深度，拿出去也没别人光鲜。"

我仔细了解了一下他的工作。按他所说，他每天的工作基本都是将技术经理给的图纸模板，按照一定的展开公式来编排一下钣金的数据和展开图，然后交给楼下车间工人加工，往往只需要一会儿就可以草草了事。他说自己很羡慕公司的技术经理，人家看一番三方向视图，就直接能用CAD 画出立体图，自己的水平是肯定达不到，只能做一些简单的展开工作，应付一下生产任务而已。

"你为什么达不到那种水平呢？你不也是工程师吗？"我问他。

他想了想，苦笑着告诉我："我只是助理工程师。我的经理是实打实的高级技师。他不但有天赋，而且真心爱这一行啊！我却不是。我对这一行没兴趣。一个没有兴趣的人，肯定达不到高级技师的水平。"

"你为什么不喜欢呢？"我问他。

他回答道："我喜欢文科，并不爱理科，一直做不出成绩，觉得这一行很无聊，怎么可能去喜欢它呢！"

我又问："那你为什么不试着去换个职业，比如你想做的文科类？"

他的脸色变得向往起来，但随即苦笑道："老婆、孩子、车子、房贷，压得我喘不过气来了。老实说，现在这份工作的薪水还可以，若我改行的话，一切从头开始，没有信心得到比这份工作更好的薪水。"

这就像步入了一个带着魔咒的怪圈：我不喜欢它，所以我做不好它，于是我变得更不喜欢它，结果愈加讨厌这个职业。

更可怕的是，无论世界多么精彩，大多数人做不出"我想去看看"的决定，因为一大堆现实因素制约着我们，所以这句口号才会在网络上爆红。

当找不到自己擅长和热爱的事物时，我们常常觉得是因为"自己见识的太少了"。其实，真相是，每个人从小到大，都或多或少地见识过了很多行业和领域。

你的人生并不狭窄，只是太浅了。

在如今这个时代，社会中充斥着浮躁，兴趣和爱好常常被当作成功的代名词，以至于有些人面临窘境的时候，第一反应就是：我还没有找到最感兴趣的工作。

他们认为，马云成功是因为他喜欢做电商；梅西能成为球王是因为他热爱足球；梁家辉能成为影帝是因为他沉迷演戏。

其实，爱好就如同完美的恋人一样，不会从天而降。想要完美伴侣，需要一路奔波尝试，然后经过痛苦地了解与磨合，最终爱上它。

下面，我们讲述中国篮球运动员姚明的故事。

姚明出身于篮球世家，他的父亲姚志源曾效力于上海男篮，母亲方凤娣是 20 世纪 70 年代中国女篮的主力队员。由于这个原因，姚明一出生就受到瞩目，上海当地的报纸，曾在他出生时做过专题报道。

一般说来，姚明的家庭环境和身体条件决定了他今后的人生选择很狭窄。

姚明自己也深知这点。他在自传中说，从小根本没有梦想成为篮球运动员。小时候他的梦想是有朝一日成为名人，不论是政治家、科学家或者军事家都可以。那时候的姚明，只想成就一番大事业。

在当时，中国的运动员处境艰难，中国的篮球运动员的薪酬要比美国的职业球员低得多，根本没有发财的指望，结束职业生涯的时候遍体鳞伤，还得自谋生路。

因此，不但姚明当时的心愿是“考大学”，就连他的父母都不太愿意让他走上篮球之路。

后来，一次偶然的机会，上海市体校的一位校长硬拉着姚明去见篮协领导。从此，姚明步入了篮坛。那一年，姚明 12 岁。

姚明后来回忆道：当年接见他的篮协领导并不看好他，欣赏的是另一位天才球员王治郅。但不管怎么说，姚明进入了篮坛，篮球圈没有错失一位顶级巨星。

姚明的篮球之路并非一帆风顺。

17 岁他初登中国职业篮球联赛（CBA）赛场时，一场球被撞倒 15 次。可姚明不气馁，他刻苦锻炼球技，最终率领上海队夺冠。

22 岁那年首次登陆美国职业篮球联赛（NBA）赛场时，居然一分未得。姚明的解决方法很简单：第一个到球场训练，最后一个离开。结果我们都知道了，最初并不愿意打篮球的姚明，不仅成为中国历史上最有名的运动员，还在世界水准最高的 NBA 中站稳了脚跟——五次年度最佳三大阵容成员、八届全明星、名人堂成员……

由姚明的例子，我们似乎可以得出这样的结论，在一种行业内，所处的层次越低，越不容易喜欢，越容易放弃，道理就是这么简单。

不是我们因喜欢一件事才能做好，往往是因做好某件事而慢慢地喜欢上了它。

练习得越多，就会越幸运

马云曾在 2015 年 5 月 23 日接受 KBS 电视台的邀约，远赴韩国录制一期节目，韩国副总理崔灵焕也受邀参加了该节目。

考虑到马云在年轻群体中拥有很高的人气，节目开始数日前，电视台就开放了现场观众的报名通道，最后 KBS 从众多报名者里筛选出了两百名优秀的创业者和学生，收集到的现场问题多达数千个，比明星的演唱会还要火爆。

节目的开始，马云受邀发表了十分钟的演讲，分享了一些自己的成功经验和对年轻人的建议。马云说："我属于一个完全'中国制造'的人，自学英语，也尝试自学编程——虽然没有成功。我的父亲并不富有，也没有很好的教育背景，我曾向哈佛递交过十次入学申请，但都被拒绝了……这些重要吗？不重要，重要的是我始终对未来抱有期许，始终坚信只要努力，就能证明自己。"

年轻的观众们给了马云热烈的掌声。

马云的传奇经历被人们津津乐道，不只是因为其曲折的创业经历，还有他那出类拔萃的人格魅力。又矮又瘦的他，即便在一穷二白的时候，也对自己的未来怀有期望，坚信只要努力就能成功，很多人都没有这样的觉悟。

冯仑先生在他的《野蛮生长》里说：“我拿着一杯水，马上就喝了，这叫喝水；如果我举 10 小时，叫行为艺术，性质就变了；如果再放 50 年，拉根绳就可以卖票，就成文物或者新闻了；如果再放 5000 年，那就是国宝了。”这段话的意思是，对于未来，人要始终有这种信心，将自己做的事情坚持下去。过程中虽可能会遇到一些坎坷和困难，但只要坚持下去，只要相信自己可以通过努力来取得成功，那么，美梦成真只是时间问题。

努力会有回报，要相信奋斗的意义。现实社会虽然残酷，但并不表示拼搏和奋斗就失去了意义。当我们与梦想的距离遥不可及时，当实现目标的道路上来自外界的阻力非常大时，我们能做些什么呢？意志坚定的人会选择继续努力，哪怕最终没有达到目标，内心也会满足，尘埃落定之时，他可以平心静气地跟自己说：我努力过了，与当初相比，我离目标已经更近了，对未来，我依然充满希望。

19 世纪中叶，罗夫林父子计划筹建一座有史以来最长的桥——布鲁克林大桥，它将连接纽约市的布鲁克林区和曼哈顿岛，当时，大家都觉得他们疯了，这是一件不可能完成的事情。

在 1869 年，布鲁克林大桥动工后不久，约翰 · 罗夫林患上破伤风，由于顽固地拒绝医生的治疗，不幸离开人世。于是，这所大桥的建造任务就落到了他的儿子——华盛顿 · 罗夫林的身上。

华盛顿 · 罗夫林从建桥之初便一直亲临现场。在桥桩水下施工的过程中，他不幸患上了严重的“潜水员病”。两个桥桩完工的时候，他的病情也已经严重到全身瘫痪的程度，再也无法亲临施工现场作业了。

让人惊讶的是，华盛顿 · 罗夫林从未因此而放弃。每天，他躺在自己的床上，用望远镜查看大桥的施工进度，并发布各项指令，通过他的妻子艾米莉传达给施工人员。

历时 12 年，这座大桥终于在 1982 年建成通车。大桥全长 1834 米，使用了上万根钢索将桥身吊离水面 41 米，这是当时世界上最长的一座悬索桥，当时号称“世界第八大奇迹”，全世界都为之惊叹。当得知建造它的工程师是一位全身瘫痪的老人时，大家都表示无法相信，但事实就是如此。

对未来的期许，就是对梦想的最大尊重。虽然现实世界很残酷，但我们要心怀乐观和希望。只要心怀梦想，我们就不必害怕现实的打击。乐观主义者之所以乐观，就是因为他们时刻都保持着进取心，相信凭着自己的努力总会获得成功。

南非著名的高尔夫运动员普雷尔（Gary Player）曾经说过这样一句话：“我练习得越努力，就会越幸运。”据他说，自己在比赛过程中那些一杆进洞的光辉时刻，乍看之下是一种幸运，其实是他在球场上无数次挥杆练习积累起来的成果。

幸运跟努力成正比。你越努力付出，收获的运气就会越多。好运从来都是给那些有准备的人的。如果只想不做，总妄想天上掉馅饼，不费吹灰之力就能有好的结果，那你只会永远停滞不前。

好运永远不会主动来敲你的大门。

不设限的人生，有无穷的潜力

年轻的时候意气风发，但是屡屡碰壁之后，就丧失了信心，对自己的能力产生了怀疑，一再降低自己对成功的要求标准。很多人都有过这样的“跳蚤人生”。

不可否认，生活中会经历许多逆境和坎坷，这些是我们每个人都必须去面对的事情。目光长远的人，能看见远方美丽的风景，不会被眼前短暂的困难所阻挡。

有的人目光短浅，以为眼前的一切就是生活的全部。在生活重压之下开始丧失与生活战斗的信心，慢慢变成一只作茧自缚的蛹。

这还不算最可怕的，最恐怖的是那些作茧自缚的人，忘记了自己作为“人”的价值，非让自己变成一只死蛹。古语说得好：有志者自有千计万计，无志者只感千难万难。所以，千万不要给自己设限。

曾有人做过这样一个实验：取一只玻璃杯，里边放一只跳蚤，跳蚤马上就会跳出来，重复几次也还是如此。经过测量，跳蚤跳出了自己身高

400 倍左右的高度，简直可以说是动物界的跳高冠军了。

接下来这个人做了一些改变，他再次将跳蚤放入玻璃杯中，并迅速加上一层盖子。砰的一声，跳蚤撞击到了盖子上。

一次失败的尝试之后，跳蚤没有停下来，继续向上跳跃，因为它的生活方式，就是“跳”。但在一次次的碰壁之后，跳蚤变得聪明起来，开始根据盖子的高度来调整自己跳跃的高度，一会儿，它就可以在不撞到盖顶的情况下自由跳动了。

一天后，盖子被实验者悄悄地拿掉，可跳蚤依然在原来的高度蹦跳，没有跳出杯子。

三天后，实验者发现，跳蚤依然跳跃在那个高度。

一周以后，可怜的跳蚤还是按照这个高度在杯子里跳着。它已经无法跳出这个玻璃杯了。

难道这只跳蚤只能跳到这个高度吗？绝对不是。它只是习惯和默认了这个高度，认为这个高度已是无法逾越的极限。很多人没有勇气去追求成功，不是追求不到，而且默认了一个无法超越的“高度”，这个高度会不停地在潜意识里暗示自己：我没办法办到，这个事情太难了。为自己设置“心理高度”成为很多人无法成功的根源之一，心理学家称之为

“自我设限”。

现实生活里，有很多人面对着这样的“跳蚤人生”：年轻的时候意气风发，但屡次失败之后丧失了信心，抱怨世界对自己不公平，对自己的能力产生怀疑，一再降低自己对成功的要求标准。其实就算原来的环境限制都消失了，如同实验者拿掉了玻璃盖一样，人也同跳蚤一样已经对撞击心有余悸，逐渐成了一种习惯，不敢跳得更高了。

为自己设置一个“心理高度”，往往将降低人生的上限。面对挫折和压力，不如全力拼搏一下，为成功努力一次。

有个孩子非常喜欢弹钢琴。在他的钢琴上，摆放着一份全新的乐谱。这份乐谱是母亲准备的，他无法拒绝这份乐谱，因为母亲是有名的钢琴家。

“难度太高了。”他看过乐谱之后，喃喃自语着，瞬间对弹奏钢琴失去了信心，心情也非常低落，不明白为什么母亲要用这样的方式来为难他。他勉强打起精神，十指在琴键上奋战，从早到晚，一刻不停地练习着。

由于乐谱的难度比较高，他弹奏起来比较吃力。“还不够娴熟，明天继续加油。”母亲一直在鼓励他，虽然听起来感觉很严厉。

他在努力地练习了一个星期之后，总算小有所成。第二周上课，妈妈又给了一份更难的乐谱：“试试这份乐谱吧！”至于上星期的那份乐谱，妈妈压根没有提及。他又一次开始挑战更难的乐谱。

第三周，乐谱的难度再一次加大了。而且，同样的情况一直这样持续着，他必须每周都面对更艰难的乐谱，却一直无法追上进度，经过一周的练习并不会让乐谱演奏变得驾轻就熟。他越来越沮丧和气馁。

当母亲走进来时，他忍不住想问她，为什么过去的三个礼拜对自己进行不停的折磨。母亲没有开口，她只是拿出了最早的那份乐谱："来，你弹弹看！"她微笑着用坚定的目光看着孩子。

意想不到的事情发生了，孩子自己都觉得万分惊讶，他竟然能够把这首曲子弹奏得如此精湛，如此美妙。母亲继续让他弹奏了第二份乐谱，他也呈现出了比以往更高的水准……孩子怔怔地看着母亲，质疑烟消云散。

"如果我只让你展现最擅长的那部分，你可能还在练习最早的那份乐谱，决不能达到现在的程度……"妈妈微笑着说。

母亲的话充满了哲理，很多人都习惯重复自己能轻松驾驭的事情。其实，人类的潜能是无限的，只要敢于挑战，不给自己的人生设限，人生总能达到一个新的高度。不要给我们的人生设限，每天都大声地跟自己说：我很棒，只要努力，我一定会成功！世上无难事，只怕有心人。

比制订计划更有价值的是效率

我大学时代有一位很棒的老师，他每次都把自己的事情安排得井井有条，事无巨细，都不会遗漏。

我们请教他诀窍的时候，他笑着说："为自己拟定计划，然后按照计划严格执行就好了，并不是难事。"

说起来简单，但做起来才发现，难于登天。

我现在问大家几个问题。请问：你明年的工作计划是什么？下个月的计划呢？下星期呢？或者你说说明天的计划是什么？

很多人都非常重视计划，在谈论计划的时候，条理分明，侃侃而谈，似乎对计划充满信心。但若谈论到计划的执行情况时，就会找出很多的借口和理由，解释计划为什么会泡汤，为什么最终没有达到目标。

这些就是计划透支的一种表现：计划定的太多，完成的却太少，透支的是自己职场的精力和信用。要清楚地明白一点，在职场中，效率比计划更重要，更有价值。

怎么做才能让每一份计划都有的放矢呢？在工作时，学会对工作进行优化。当你开始这样做之后就能发现，不止自己的效率越来越高，计划也不再只是口头上或者书面上的摆设了。

你的计划被透支了吗？

戴尔电脑公司的总裁迈克尔·戴尔曾经说过这样一句话：“企业之所以成功，实际上是每一位员工在每个环境中都能一丝不苟地执行工作任务。”

个人的成功也是如此。不论是个人还是公司，很多时候都曾陷入这样一种恶性循环：支持公司未来发展的计划很多，也很完善，但是在计划的执行过程中，事情却起了变化。

每个人都会制定各种各样系统的、微观的、宏观的发展目标来要求自己，但想要实现这些目标，就不是那么简单了。

我们听了老师的话之后，开始自己进行实践，结果坚持了不到一个月，大部分人都放弃了。

看上去好像有了计划和目标，感觉离成功很近了。但这只是在看不清状况的前提下产生的错误判断，这种判断往往会导致惨败。计划多，结果却少；目标多，成果却少。假设计划没有得到最终的成果，那么计划也就是个计划罢了。

在工作中，每个环节之间的配合看起来微不足道，但它却像机器上的小齿轮，一旦出现问题将会影响全局。怎样合理地分配工作时间，各环节如何更好地配合，是工作成功与否的重要决定因素。很多人并不懂得管理时间，只是单一地叠加目标和任务。正确的时间管理，才会有高效率的执行力，高效率则意味着高能力，高能力即意味着最终的成功。因此，工作效率比计划更有价值。

这里还要指出一点，工作应该追求高效率，而不是高工作量。高效率是企业和员工共同追求的目标，提高效率可减少工作中的失误。不过很多员工心中有一种误解，认为自己承担的任务越多，对企业就越有价值，“忙碌”使很多人觉得很有成就感。

成功的企业，都非常讲求效率。这些企业的领导者清楚地知道手下们在干什么，是否倾尽全力，什么时间能够完成，完成的结果如何。当老板将一份任务交给你，你能很快很高质量地完成，老板会认为这是你的能力。反过来说，当你的工作越积越多，堆积如山，最后却无法完成，那只能说明你的能力很差，缺乏效率，而不是说你多么被重视。长此以往，老板会逐渐对你失去信任。

正如那句菲律宾谚语所说，只有希望而没有实践，只能在梦里收获。

追求正确、高效的工作方法

最开始做文字工作的时候，我对 Word 等办公软件不太熟悉，每天都很痛苦。例如，某部小说的人物名字觉得不太喜欢了，想全部换掉。于是我便将总数几十万字的文档从头到尾过滤一遍，将那人的名字统统换掉。每次要耗费大量时间不说，还经常会有“漏网之鱼”，如果真的发布出去，怕是会贻笑大方。

后来，一位编辑朋友看我如此操作，笑得腰都直不起来。她在 Word 上方找到那个“查找替换”的按键，在查找一栏输入需要改的名字，在替换一栏中输入修改后的名字，然后按了确定键，所有的名字都被自动修改好了。

这方法令我叹为观止，从此轻松不少。

当计划无法实施、工作陷入瓶颈的时候，或许不是你的计划不对，可能是执行上出了问题。跟埋头苦干比起来，找对正确的工作方法更重要。无论是绕圈还是捷径，首先要找对正确的前进方向。钻牛角尖只能让你的事业走向迷途、视野越来越窄。当意识到问题出现时，马上折返，找对方法，才能走出困境。俗话说，磨刀不误砍柴工，正确的思考要比错误的行动更有意义。

在微软公司内部，普通的技术员跟管理层的薪酬相差无几。公司内部有一条格言，被员工信奉为座右铭：一个公司要想成功，不在于这个公司有多少员工，而在于怎样让公司里的每位员工都发挥出他自己最大的潜能，为公司创造出最大的价值。一个员工的薪水有多少，不是由他们的岗位决定的，而且由他们为公司创造的价值决定的。

不要总是一副焦头烂额的样子，并非每一项工作都那么紧迫，很多人都有同时接到几件任务的时候。这就需要我们统筹规划，按照事情的紧急和严重程度等，合理地安排工序和时间，做好工作计划，并制订执行计划的阶段性目标，以及如何验收、检查工作结果。

通常情况下，办公室有两种人，工作的效率和方法也是泾渭分明：第一种是工作效率非常高的员工，他们处理事情的时候异常专注，用最快的速度完成工作任务，而且工作的内容也完成得很好，让管理者非常满意，而他们自身也对工作充满着激情。第二种就是马马虎虎应付了事的人，习惯拖沓，执行力非常弱，工作的内容也漏洞百出，积极性很低，总是被动地应付工作。

工作能力并非天生的，智力虽可能存在天赋上的差别，但是工作能力可以通过后天的学习训练提高。初入职场，不知该如何提高工作能力，或遇到不能突破的瓶颈，可以向周围的同事们寻求帮助，也可以去请教上司。上司之所以能够成为管理者，一定有很多值得你去学习的地方。孔子说："三人行，必有我师焉。"任何人都有值得你去学习的长处，都能成为帮助你的老师。

很多时候我们忽略了任务完成之后的总结和分析。其实，总结过程能够让我们发现、反思自己的不足，积累一定的经验。在下一项任务来临之前及时地提高和改善自己。不要像一台机器那样去工作，多留一点时间来对工作做一个完整的善后，像给机器进行维护那般"保养"一下自己，提高工作能力。热情可以给你最准确的方向感，我们不能保证时刻都激情四溢，奔放向上，但至少要对工作保持最大的热情，不断地刷新自己的工作状态，整理自己的工作情绪，这样才会让每天的工作变得轻松而有意义。

重视优化和提升效率

一位生意做得很大的老板曾经说过，你赚多少钱，不取决于老板的对你的喜恶，而在于你的工作效率。付出的劳动不相同，效率也不同，创造出的价值也不相同。付出多，结果做出的成果很少，这样的效率无法让你得到一份高薪工作。

众所周知，在一家公司里，新晋员工的工资通常要低于老员工；在一些企业里，效率高的工人得到的酬劳也高一些。这是因为在同样的时间里，效率高的人能做更多的工作或者更好地完成工作。与其花三千元雇用两个低效率的员工，不如用五千元雇用一个效率比两个效率低的员工还高效的人。老板不是傻子，更会精打细算，所以他会给员工培训的机会，给高效率的员工奖励，在招聘员工的时候更看重求职者的能力而非学历。

工作效率高不仅仅指的是速度快、质量好，更要积极主动地调整和修补不完美的计划。很多工作都可以找到捷径，比如优化工序，用最少的时间完成零散且不重要的工作。这样可以最大限度地节约精力、时间和金钱等。优化的过程需要深入的观察、缜密的思考和强有力的执行。如何合理地利用每一分钟，是如今所有人都在关注的问题之一。

不知道你有没有听说过“鳄鱼法则”。有一只鳄鱼咬住了你的脚，那么你因为疼痛而挣扎，大概率会用手去掰鳄鱼的嘴。这时候鳄鱼就会把你的手脚同时咬住，你越挣扎，被撕咬的地方就会越多。所以，当被鳄鱼咬到脚的时候，唯一的活命机会就是牺牲掉你的一只脚。及时止损，绝不心存侥幸，这就是“鳄鱼法则”。

必要的牺牲是万般无奈之下不得不做出的选择。尽管很多人对此心知肚明，但在日常生活里，还有很多人下意识地“将手伸进鳄鱼的嘴巴里”。因为他们太在乎，不舍得丢弃掉那条“腿”，所以做出了留恋那些已失去价值的事物，反而带来更大损失的愚蠢行为。

若注定要失去，那最好的办法就是不要做垂死挣扎，主动放弃这一部分。若你意识到自己的行动偏离了原本制定的目标，必须立刻停止，不要拖延，不要试图去改变之前的行为，那些行为毫无用处，即使再艰难、再惋惜也必须舍弃。

假若发现了工作出现问题，千万不要在错误的道路上继续前行，而是要试图做出改变。要知道，差之毫厘，结果可能是谬以千里。

假如有一次，你花了 20 元团购了一张便宜的电影票，订完之后才发现，这张票是指定电影院才能使用的。这家电影院离你家非常远，需要换乘几趟公交车。而且，电影还是夜场，看完之后公交已经停运，打车费需要 40 元。你若不舍得浪费 20 元的电影票，为此必须再付出超过 40 元，其中还没有把人身安全的因素考虑进去。

其实这个时候明智的选择是放弃这场电影，或者将电影票转送给电影院附近居住的朋友，这样可以避免更大的损失。在一张电影票的取舍选择上，很多人会做出明智的抉择，但在很多类似的情况下，人们往往就容易迷失，一步错，步步错。

美国哈佛大学的心理学家、哲学家 W. 詹姆斯有一句被奉为经典的名言：承认既定事实，接受已经发生的事情，这是应付所有不幸后果的先决条件。知道错了，还去做；已经错了，还要继续错，这些无疑是心理不成熟的表现。

在一开始，我们可能并不知道正确的道路是哪条，但可以避免在错误的道路上渐行渐远。真正成熟而积极的人生态度是：有勇气去改变必须改变的事情，用平和的心接受那些不能改变的事情，要有足够的智慧来分辨二者的不同。

没有最好，只有更好

什么是成功?

假设你的答案是开一家大公司，做个高官，或者“立个小目标赚他一个亿”这些跟权力、势力或者金钱有关的答案，这说明你的格局还是不够大，继续学习、深造、进修的空间还很多。在拥有大格局的人眼中，成功是要帮助他人，是要担当责任，是实现自我价值的途径和形式。事实证明，只有这种正能量最没有上限，故而大格局者的格局无边无界，成功也无止境。

古典老师在《拆掉思维里的墙》一书中这样定义成功：“成功的真正本义应该是越走越近。”他认为，如果你有梦想，那么就马上去捍卫它；如果你有一个目标，那就马上去争取它。马上迅速地行动起来。在你的人生道路上，不需要羡慕那些走得高、走得远的人，也没必要轻视那些落在你后边的人。因为成功不是生命的高度，它是生命的速度。成功在你此刻的脚下，成功就是越走越近。

如果你的成功定义是担起更多的责任，那你今天勇敢地承认了一次错误，这也是走近了成功；如果你的成功定义是帮助别人，那你今天在公交车上的一次让座，一次搀扶老人过马路的行为，也是走近了成功；如果你的成功定义是实现自我的价值，那你今天上班完成了一项任务或者发现了一项公司的小错误，也是走近成功。

依靠着一点一滴、日积月累，才会有滴水穿石的力量。而成功也是如此。

要做成功者，在成功的道路上必然的状态应该是：不停地追求，持续不断地完善。

贝利是足球行业的王者，“球王”之名传遍世界。二十多年的足球生涯中，他参加过 1366 场次的比赛，进球 1283 个，创造了一个球员最辉煌的纪录。成千上万的观众对他的精湛球技赞叹不绝，但他并未因别人的赞美就中止了进步，使成功停滞不前。

有记者采访贝利时问：“贝利先生，您目前踢出的最满意的球是哪一个？”贝利笑着回答记者说：“下一个！”当贝利创造了进球过千的纪录以后，又有人问他：“你对哪个进球最满意？”贝利若有所思地说：“第 1001 一个。”

正是这种不断追求自我完善，不断追求自我超越的精神，让贝利持续前行，在绿茵场上创造了一个又一个的奇迹。

永远地追求，持续不断地完善，既是一种态度，也是一种品质。

中国前国家男足主帅米卢蒂诺维奇有一句名言叫作：态度决定一切。一个能永不停歇地去追求卓越，持续不断地来完善自己的人，对成功的态度不言而喻。人的态度是一种内在的驱动力，能够激发出自身的潜能。所以，一位哲人这样说过：人生所有的能力，都必须排在态度之后。当你感觉一无所有的时候，只要态度还在，你还能重新拥有一切。

约翰·伍登是美国颇负盛名的大学篮球教练，他曾率加州大学洛杉矶分校篮球队在12年内捧回了10座全美NCAA篮球联赛的总冠军奖杯。有人问他，是什么样的力量让他精力如此充沛，创造了如此多的成就。伍登回答说："每天睡觉前，我都会提起精神跟自己说，我今天的表现很好，明天的表现会更好！"大家觉得这根本不是十冠王的秘诀。但伍登坚定地说："就是如此简单，看着简单，坚持20年却没那么容易啊！很多时候，事情的关键就在于有没有持续去做。如果没有办法持之以恒，只是长篇大论，那毫无帮助。"正是凭借着这个态度，伍登才带领队员们获得了后来的成就。现在，为了纪念他的丰功伟绩，人们用他的名字命名当年度美国最佳大学生运动奖项，也就是大名鼎鼎的“约翰·伍登”奖。

我们也必须秉持这种的态度，不能“三天打鱼，两天晒网”，也不要在原地踏步，必须要“永远”地追求和“持续”地完善，只有这样才能走近成功。

比别人多思考一些，多努力一些

不知道你有没有听说过“黑天鹅法则”？

17 世纪在欧洲生活的人们，一直都觉得世界上所有的天鹅都是白色的，因为没有人见过别的颜色的天鹅。他们根据经验做出判断：天鹅全部是白色的，并认为这就是真理。就算称不上是真理，也几乎认为是一个公理了，从来没有人想过会遇到黑天鹅。直到 17 世纪末，探险家们在澳大利亚发现了黑天鹅，这时人们才意识到，之前的认知是不全面的。原来，并不是所有的天鹅都是白色的。

对鸟类学家而言，遇见第一只黑天鹅，是一个意外的惊喜。而比这更有意义的是：这一发现，证明了人类之前对天鹅的认知是非常片面的——即使你观察了成千上万只天鹅之后，才得出“所有天鹅都是白色的”结论，但只要发现其中一只不是白色时，这个结论马上就被彻底推翻。

有人经常在公众号中留言问我：同样的岗位，做着同样的工作，我该如何从职场中脱颖而出呢?

我的回答是：其实很简单，比别人再多想一点，再多做一点。

“多想一点”可以使你的思考更完善，计划更全面。在工作中未雨绸缪，哪怕多思考一会儿，减少“黑天鹅法则”对工作不利影响的概率就越大。

“多做一点”，会让客户对你留下更深的印象，从而赢得客户更多的信赖。

再多想一点，再多做一点，你会发现，你正变得越来越卓越。

弗朗西斯·培根在几百年前就曾说过：“要避免我们的思想把自己束缚住。”但即便到了今天，世人还会犯这样的错误，总认为过去发生的事情在未来理所当然地会继续发生，就本能地凭经验办事，还会自己编出各种理由或故事来解释我们尚不知晓甚至完全不了解的复杂事情。

“黑天鹅法则”的存在，意义在于警示世人：注意一些重大的、不可预测的罕见事情的影响，它可能就是改变一切的转折点。此前，人们经常无视它的存在，本能地按照自己的生活经验和不堪一击的借口来解释这些意外打击的原因，结果往往是被现实打败。

《华盛顿邮报》在 1999 年的 9 月 30 日刊登过一则新闻：美国宇航局火星气候探测船突然失去联系。经过紧急调查，发现是因为有人在输入某些资料时，忘记将英制单位换成公制单位（如将英寸、英尺转换成公分、公尺），这些小小的数据错误，直接导致探测船陷入了火星大气层里。1.25 亿美元的火星计划就此打了水漂！

有的时候，看似一个很小的失误，可能会造成很严重的后果。

也有些人会说：不拘小节，才能成大事。我们在工作中，经常会发生一些小的失误，这些小失误好像并不会影响最终成功。很多时候我们就容易忽略这些小问题。但是，真正的成功人士绝不会这样做。他们看待小失误的观点是：任何一个小失误，哪怕是不可见的，都不能去忽视它，差之毫厘，谬以千里。

一个看似极其微小的失误，可能引起意想不到的严重后果，永远不要去忽视自己犯下的任何一个错误，不要有侥幸心理，要做到“防微杜渐”。

在《汽车销售的第三本书》（You Will Be Satisfied）这本书中，塔斯卡作为福特公司的首席销售员，给出了防微杜渐最完美的答案：自己工作的首要目标就是为了让顾客满意。

“尽其所能地满足客户的要求”是塔斯卡销售的信条。以客户对销售员服务的满意程度来衡量调节薪酬的高低。在他刚踏入这个行业的时候，有一次，一位客户自己开汽车过来，告诉塔斯卡这个汽车出现了问题，而且要求他必须要在一小时内解决这个问题。塔斯卡检查了这辆车之后找出了问题，但不可能在一小时内修理好。考虑到客户的要求，他想出了先将另一辆车借给客户来使用的方法。不久之后，那位客户找到了塔斯卡，告诉了塔斯卡他的真实身份。原来这位客户就是福特公司的总裁布里奇。布里奇专门安排了福特二世跟塔斯卡的见面，虚心地向他请教关于福特汽车的一些建议和看法。

不要小觑客户的满意程度。有时候客人的满意度比产品本身还要重要：客户的满意与否决定了回头客和客户群的多少，也影响着生意的成功与否。就算你从事的不是销售行业，也依然可以把你的工作对象当作客户，例如你的同事，你的上司，完全可以用对待客户的方式对待他们，想得多点，做得多点，全力以赴使他们对你所做的工作无可挑剔，你的业绩和能力也会在这个过程中得到提升。

敬业是另一种专业的体现。在办公室里，总有一些工作是别人不太喜欢去做的，但我的一位友人却能欣然接受公司的所有工作。没过多长时间，他就升职成了公司高层领导。能有如此的成就，与他的心态密不可分。

每天比别人多思考一些，多努力一些，拥有了这样的大格局，成功不会遥远。